Die digitale Kartenbibliothek

eine Momentaufnahme

Kartensammlung und Kartendokumentation
Bibliographia Cartographica
Beiheft 1

Herausgegeben von
Lothar Zögner und Jürg Bühler

Die digitale Kartenbibliothek

eine Momentaufnahme

Herausgegeben von
Jürg Bühler und Lothar Zögner

K · G · Saur München 2004
ISSN 0453-3410

Die Beiträge zum Thema "Die digitale Kartenbibliothek"

Die Autorinnen und Autoren sind für den Inhalt ihrer Beiträge selbstverantwortlich. Viele der Beiträge basieren auf eigenen Erfahrungen und Überlegungen und wurden nach bestem Wissen erstellt. Es ist nicht auszuschliessen, dass unter anderen Bedingungen andere Ergebnisse erzielt werden. Die Herausgeber übernehmen für alle Angaben und Ergebnisse keine Verantwortung.

Bibliografische Information Der Deutschen Bibliothek
Die Deutsche Bibliothek verzeichnet diese Publikation in der Deutschen Nationalbibliografie; detaillierte bibliografische Daten sind im Internet über http://dnb.ddb.de abrufbar.

∞

Gedruckt auf säurefreiem Papier / Printed on acid-free paper

Printed in the Federal Republic of Germany

Druck / Bindung: Strauss GmbH, Mörlenbach

ISBN 3-598-25000-2

Inhalt

Vorwort

Als auf der Jahrestagung der Kommission Kartenkuratoren der Deutschen Gesellschaft für Kartographie im Mai 1994 das Thema „Digitale Karten – zukünftige Entwicklung in Kartensammlungen?“ auf dem Programm stand, hatte dies noch eine äusserst kontrovers geführte Diskussion ausgelöst. Auf den folgenden Tagungen aber wurden zunehmend Projektideen vorgestellt und von ersten Arbeitsvorhaben berichtet. Die deutsch-niederländische Tagung der Kartenkuratoren 1999 stand bereits unter dem Gesamtthema „Kartensammlungen und Internet“, und die Tagung im Jahre 2000 brachte als ein Schwerpunktthema Referate über (kommerzielle) Angebote und Anwendungen im Bereich der elektronischen Medien.

Nach dieser ersten Phase erschien es angebracht, eine Standortbestimmung vorzunehmen. Mit dem vorliegenden Band soll ein Beitrag zur Information über erste Erfahrungen in den Kartensammlungen geliefert und zugleich eine Grundlage für weitere Diskussionen angeboten werden. Unterschiede in der Betrachtung der Probleme und der praktischen Ansätze können dabei förderlich sein. Unvermeidliche Wiederholungen ermöglichen auch den punktuellen Einstieg.

Die Beiträge spiegeln die Entwicklungsphase der Jahre 1995 bis 2000 und die Praxis um das Jahr 2000 wider. Kriterium für die Auswahl der Artikel waren Vorträge und die Arbeit der Kartensammlungen im Bereich der Kommission Kartenkuratoren der Deutschen Gesellschaft für Kartographie in Deutschland sowie der Schweiz und Österreich. Hinzu kommt der Beitrag eines niederländischen Kollegen, hervorgegangen aus der Tagung der Kartenkuratoren 1999 in Maastricht.

Neben den eigentlichen Anwendern, d.h. den Mitarbeitern in Kartensammlungen, kommen Vertreter der kartographischen Forschung und der kommerziellen Datenverarbeitung zu Wort: Für fachwissenschaftliche Sammlungen gehört der Gedankenaustausch mit Forschungs- und Universitätseinrichtungen zu einem wichtigen Pfeiler der Arbeit; dies gilt besonders für die Einführung neuer wissenschaftlicher Entwicklungen und Methoden. Die praktische Anwendung der neuen Verfahren bedingt aber auch die Hinzuziehung von entsprechenden Firmen und ihren Angeboten.

Einen Schwerpunkt bilden die Beiträge aus der Kartensammlung der ETH-Bibliothek in Zürich. Sie gehört in unserem Bereich zu den Kartensammlungen, die besonders bald die Möglichkeit der neuen digitalen Welt aufgegriffen hat. Mit der Unterstützung einer aufgeschlossenen Bibliotheksleitung gelang es, gezielt Programme auf mehreren Ebenen durchzuführen. Sie ist damit ein Beispiel für Anwendungen in einer wissenschaftlichen Kartensammlung mittlerer Grösse.

Zwei thematische Problemkreise haben sich für diesen Band herausgebildet:

1. Welche digitalen Bereiche sind für Kartensammlungen speziell relevant und wie lassen sie sich nutzen;
2. Wie kann man die Materialien einer Kartensammlung mit Hilfe der neuen Techniken besser präsentieren und dem Nutzer zuführen.

Gerade für Kartensammlungen bietet die Vielfalt der neuen Medien die Möglichkeit, ihr Nutzerangebot und ihre Leistungen zu erweitern. Sie haben die Chance, ihre „Brückenfunktion" innerhalb ihrer Institutionen auszubauen und ihre Bedeutung als Informationszentrum zu stärken. Eine Analyse des gegenwärtigen Standes zeigt allerdings auch Probleme auf: die häufig mangelnde adäquate Infrastruktur für Kartographische Materialien bei der neuen Technik; die Nutzer müssen mit den erweiterten Leistungen noch besser bekannt werden; die charakteristischen Inhalte der Kartographischen Materialien sollten auch im Rahmen der neuen Entwicklungen in Institutionen genügend berücksichtigt werden.

Wir haben den Band als eine „Momentaufnahme" bezeichnet. Bei der schnellen Entwicklung der Neuen Medien kann mancher Lösungsansatz, manche technische Grundlage bereits bald überholt sein. Umso wichtiger ist es, die gewonnenen Erfahrungen und Ergebnisse vorzustellen und auszutauschen. Die Entwicklungsphase 1995-2000 ist sicher gerade deshalb interessant, weil es sich dabei um die Pionierjahre im Einsatz elektronischer Mittel in Kartensammlungen handelt – mit allen Unsicherheiten, Freiheiten und kreativen Lösungsansätzen.

Mein besonderer Dank gilt Dr. Jürg Bühler, jetzt Mitherausgeber der Schriftenreihe, der das Thema mit viel Engagement aufgegriffen und die Bearbeitung übernommen hat. Zu danken ist auch allen beteiligten Kolleginnen und Kollegen für ihre Mitarbeit, ohne die ein solcher vielseitiger Sammelband nicht zustande gekommen wäre.

Die Schriftenreihe „Kartensammlung und Kartendokumentation" wurde 1966 von Professor Emil Meynen begründet und bis Heft 9 als Veröffentlichung des Instituts für Landeskunde in der Bundesanstalt für Landeskunde und Raumordnung herausgegeben. Es sollte damit ein Forum für das aufstrebende Kartensammlungswesen geschaffen und Informationen über Kartographische Materialien zusammengeführt werden.

Der Unterzeichnete übernahm die Schriftenreihe, ebenso wie die seither erfolgreich im K. G. Saur Verlag publizierte Bibliographia Cartographica.

Mit diesem Band hat der K.G. Saur Verlag auch diese Schriftenreihe in sein Programm aufgenommen und schließt sie damit seinem Bereich zur Kartographie und Kartendokumentation ein; hierfür gebührt ihm Dank.

Lothar Zögner

A. Einführung zum Thema

Digitale Karten - eine Herausforderung für die Kartensammlung?

Hartmut Asche

1.0 Einführung

Der massive Einfluss digitaler Rechentechnik, die permanente Verfügbarkeit digitaler Geodatenbestände aus Fernerkundung und Datenbanken, die fortschreitende Nutzung globaler Datennetze haben die raumbezogenen Wissenschaften einem umfassenden Wandel unterworfen, der seit mehr als 3 Dekaden auch in der Kartographie andauert. Tiefgreifende Veränderungen der Visualisierungs- und Herstellungstechnologien von Karten und Atlanten und deren Erscheinungsformen haben auch die Kartenbibliotheken in diesen fortdauernden Wandel einbezogen. Am augenfälligsten sind die wachsende Zahl digitaler Karten- und Atlasprodukte, die zunehmende Nutzung von Geoinformationssystemen (GIS) für digitale Raumdaten und räumliche Analysen und die steigende Verfügbarkeit raumbezogener Informationen, Dienstleistungen und Produkte im Internet. Zwar sammeln die Kartenbibliotheken inzwischen in unterschiedlichem Umfang zumindest solche virtuellen Karten und Geodaten, die auf materiellen Datenträgern (CD-ROM) veröffentlicht werden. Darüber hinaus gehende, zukunftsweisende Strategien der Kartenbibliotheken im Umgang mit digitalen Informationstechnologien und Kartenprodukten sind derzeit aber nur unscharf erkennbar.

Angesichts dieser hier nur grob skizzierten Herausforderungen der digitalen Informationstechnologien hat sich bereits die 9. Internationale Konferenz der Kartenbibliothekare (LIBER) 1996 in Berlin der Entwicklung der „Neuen Kartenbibliothek" gewidmet. In Vorträgen (z.B. ASCHE 1998, FLEET 1998, KLÖTI 1998) und Workshops wurden die Auswirkungen virtueller Karten, digitaler Geodaten und globaler Datennetze auf Funktion und Profil wissenschaftlicher Kartensammlungen von Kartenbibliothekaren, Geowissenschaftlern und Herstellern digitaler Rechentechnik und Programmsysteme intensiv diskutiert. Seither haben zwar verschiedenartige Projekte die Anforderungen und Potenziale digitaler Karten- und Raumdaten für die Kartenbibliothek ausgeleuchtet[1]. Das zentrale Problem, die Bedeutung virtueller

---

[1] *Hierzu zählt zweifellos das seit 1995 betriebene US-amerikanische „Alexandria Digital Library Project" der University of California at Santa Barbara (http://alexandria.ucsb.edu). In Deutschland hat die Deutsche Forschungsgemeinschaft einen Förderbereich „Verteilte digitale Forschungsbibliothek" eingerichtet, der u.a. ein Einzelprogramm „Retrospektive Digitalisierung von Bibliotheksbeständen" enthielt. In diesem Rahmen hat*

Karten(daten) und mögliche Konsequenzen für die Kartensammlung, wird aber weiterhin kontrovers behandelt.

Aus der Perspektive eines geowissenschaftlichen Nutzers von konventionellen Karten, digitalen Karten und Raumdaten und Kartenbibliotheken wollen die folgenden Ausführungen einen überwiegend geoinformationellen Beitrag zur Klärung dieser nach wie vor offenen Kernfrage leisten. Ein besonderer Augenmerk wird dabei den Herausforderungen digitaler Informations- und Kommunikationstechnologien gewidmet, mit deren fortschreitender Entwicklung die Kartenbibliotheken weiterhin massiv konfrontiert sind.

2.0 **Karten – ein besonderes Bibliotheksgut**

2.1 Karten – Merkmale und Eigenschaften

Im Unterschied zu Archiven und Bibliotheken, in denen Schriftdokumente gesammelt werden, besteht das Charakteristikum von Kartensammlungen darin, dass in ihnen nahezu ausschließlich raumbezogene graphische „Bilder" zusammengetragen werden. Wesentliches, bis in die jüngste Zeit begriffsbestimmendes Merkmal von Karten ist bekanntlich die Tatsache, dass sie die in ihnen enthaltenen Rauminformationen mittels graphischer Symbole in räumlicher Anordung repräsentieren. Somit beinhaltet jede Karte nicht nur eine räumlich und inhaltlich begrenzte Anzahl georäumlicher Informationen, die nach Lage und thematischen Merkmalen differenziert sind. Sie stellt vielmehr das einzige bekannte Speichermedium dar, in der die raumbezogenen Informationen durch ihre graphische Repräsentation zugleich in ihrer räumlichen Anordnung, in ihren chorographisch-topologischen Beziehungen gespeichert werden können.

Karten stellen daher das Ergebnis selektiver „Sammlung" und Visualisierung raumbezogener Daten dar. Dabei ist die Karte kein Abbild, sondern ein überwiegend analoges graphisches Modell der Raumwirklichkeit. Denn die in der Karte enthaltenen, chorographisch angeordneten Rauminformationen sind Resultat der selektiven Erfassung und Verarbeitung raumbezogener Daten durch Abstraktions- und Modellierungsprozesse. Durch graphische Modellierung der teils im Gelände erfassten, teils aus Schrift- oder anderen Quellen kompilierten Ausgangsdaten wird ein kartographi-

---

z.B. die Staats- und Universitätsbibliothek Bremen ein kleineres Pilotprojekt zur retrospektiven Digitalisierung historischer Kartenbestände durchgeführt (1997-99).

sches Sekundärmodell abgeleitet, das verallgemeinertes und thematisch gewichtetes räumliches Wissen eines Realweltausschnitts speichert und visuell präsentiert[2].

2.2 Digitale Karten

Seit dem Vordringen rechnergestützter Technologien im letzten Drittel des vergangenen Jahrhunderts bedient sich die Kartographie heute überwiegend digitaler Verfahren zur Erzeugung topographischer und thematischer Karten[3]. Die Digitalform der Kartendaten ermöglicht dabei sowohl die Herstellung konventionell-dauerhafter Papierkarten als auch die Erzeugung virtuell-flüchtiger „elektronischer" Karten für den Gebrauch auf Graphikcomputern (ASCHE 1995, 1996). Soweit die Nutzung digitaler Technologien zur Produktion materieller Kartendrucke führt, bleibt die Kartensammlung vom kartographischen Technologiewandel weitgehend unberührt. Werden rechnergestützte Verfahren aber auch zur Veröffentlichung und insbesondere Nutzung virtueller Karten eingesetzt, verändert sich der Charakter der Karte von einem statischen Speicher räumlicher Informationen zu einem graphikorientierten, interaktiven Instrument zur Verarbeitung und Nutzung von Geoinformationen. Dementsprechend ist die Kartenbibliothek – wie der Kartennutzer – statt der herkömmlichen analogen Erscheinungsform mit einem digitalen Datensatz auf Datenträgern, z.B. CD-ROM, oder im Datennetz, z.B. Internet, konfrontiert, zu dessen Benutzung ein Computergraphiksystem erforderlich ist.

Nicht mehr die konventionelle, unveränderlich-statische Kartengraphik, sondern individuell konfektionierbare, interaktive Bildschirmkarten stellen somit – neben den in abnehmender Zahl weiterhin produzierten Papierkarten – das neuzeitliche Sammlungsgut der Kartensammlung dar. Dabei entzieht sich die flüchtige graphisch-analoge Bildschirmanzeige (screen map) im Regelfall der Archivierung. Gesammelt

---

2 *Damit spiegelt der Karteninhalt – topographisch wie thematisch – zugleich den Stand der raumbezogenen Wissenschaften, der seinerseits in die allgemeine gesellschaftliche Entwicklung eingebunden ist. Kartensammlungen fungieren demnach u.a. als graphische Archive der Wissenschaftsgeschichte, zumindest hinsichtlich ihrer raumbezogenen Komponenten wie z.B. Erdbeschreibung oder Land(es)vermessung.*

3 *Wegweisende Impulse hat die kartographische Informationsverarbeitung von der Einführung der Mikrocomputertechnologie erhalten (TAYLOR 1991b). Dies hat der Computernutzung vor allem dezentrale Anwendungen in Kartenmodellierung und -produktion erschlossen – auch außerhalb der Kartographie. Der Einsatz von Hard- und Software des Massenmarktes hat aber zugleich bewirkt, dass die Kartographie ihr herstellungstechnisch begründetes Monopol der Kartenerzeugung verloren hat (z.B. ASCHE 1996).*

und genutzt werden kann stets nur deren graphikfreie alphanumerische Datengrundlage.

3.0 Digitale Informationstechnologien in der Kartensammlung

Ebenso wie die Digitalform virtueller Karten erfordert auch die Nutzung den Einsatz moderner Informationstechnologien in der Kartensammlung, will sie ihrer klassischen Aufgabe der Archivierung und Bereitstellung kartographischer Produkte für Forschung und Öffentlichkeit weiterhin nachkommen. Dabei bedarf es sowohl für die bibliothekarische Behandlung als auch für die Nutzung virtueller Karten leistungsfähiger Computergraphiksysteme inklusive graphischer Peripherie. Viele Kartensammlungen sind inzwischen mit entsprechenden, z.T. multimedialen Arbeitsplätzen ausgestattet worden. Virtuelle Karten und Atlanten in Datennetzen erfordern zusätzlich einen Internetzugang auch auf den Nutzerarbeitsplätzen. Die Implementierung digitaler Informationstechnologien, insbesondere die Digitalform der Geodaten und Karten sowie der Betrieb vernetzter Computergraphikarbeitsplätze, stellt die Kartensammlung wie deren Personal vor neuartige Herausforderungen (ASCHE 1998).

3.1 Archivierung latenter Digitalkarten

Bei virtuellen Karten und Kartenwerken ist die unveränderliche Kartengraphik nicht länger das einzige Visualisierungsergebnis raumbezogener Daten. Denn digitale Kartengraphik kann – innerhalb gewisser Grenzen – durch den Kartennutzer umfangreich modifiziert werden (ASCHE 1996, 2001). Aus einem Karten- oder Datenbestand können so verschiedene Visualisierungsvarianten, darunter flüchtige Kartengraphiken, für den kurzfristigen Gebrauch erzeugt werden. Sie entziehen sich einer dauerhaften Sammlung. Soweit virtuelle Karten auf Datenträgern, z.B. CD-ROM, veröffentlicht werden, können die materiellen Produkte mit den graphikfreien Ausgangsdaten archiviert werden. Standardisierte oder individualisierte latente Kartengraphiken aus diesen Daten müssen für die Aufbewahrung als permanente Hardcopy ausgegeben werden. Dies gilt gleichermaßen für webbasierte virtuelle Karten und Atlanten. Bei Internetkarten besteht zusätzlich das Problem, dass sich das im Netz dargebotenen Digitalprodukt durch fortlaufende Überarbeitung ständig verändert[4]. Um die unterschiedlichen Versionen, die den Auflagen konventioneller Karten und Atlanten entsprechen, zu archivieren, sind regelmäßige Netzzugriffe durch das

[4] *Exemplarisch sei in diesem Zusammenhang der als Webatlas konzipierte kanadische Nationalatlas erwähnt (http://atlas.gc.ca). Durch ständige Akualisierung sind Inhalte und Funktionen einer bestimmten Version im Internet nicht über längere Zeiträume (> 1 Jahr) verfügbar.*

Bibliothekspersonal erforderlich. Die hierdurch erfassten Datenbestände sind auf eigenen materiellen Speichermedien abzulegen, die dann wiederum herkömmlich archiviert werden können.

Latente Digitalkarten erweitern die klassische materielle Kartensammlung um immaterielle raumbezogene Datenbestände. Hieraus erwachsen Konsequenzen sowohl für den Kartennutzer als auch für den Kartenbibliothekar: Dem Kartennutzer eröffnet der Zugriff auf digitale Karten und Atlanten einen individuellen, personalisierten Karten- und Atlasgebrauch, bei dem er zugleich Nutzer wie Erzeuger latenter Karten ist (ASCHE 1996, 2001). Für den Kartenbibliothekar resultiert daraus ebenfalls eine Erweiterung seiner Aufgaben. Dabei verschiebt sich der Schwerpunkt von der Kartenarchivierung zur digitalen Kartenerzeugung, netzbasierten Informationsrecherche und Nutzerberatung für raumbezogene Informationen im allgemeinen und virtuellen Kartenprodukten im besonderen.

3.2 Digitalisierung von Altkarten

Die Nutzung digitaler Informationstechnologie in der Kartensammlung ist Voraussetzung für die Digitalisierung wertvoller Unikate und Altkartenbestände. Experimentelle Projekte, die überwiegend auf die Bereitstellung digitaler Kartendaten in Datennetzen orientiert waren, haben Kernfragen der retrospektiven Digitalwandlung – Auflösung, Datenspeicherung, Nutzungen, Produkte und Technik – noch nicht abschließend lösen können[5]. Sie lassen aber die Potenziale erkennen, die der Kartenbibliothek durch Nutzung digitaler Informationstechnik zuwachsen werden. Zum einen werden die Altbestände im Original- bzw. Erhaltungszustand dauerhaft gesichert. In dieser Form sind sie jederzeit reproduzierbar oder können mit Verfahren der digitalen Bildbearbeitung optimiert werden. Zum anderen erlaubt die Digitalform der Altkarten auch bei einmaliger Erfassung eine Vielfachnutzung vom gleichmaßstäbigen Faksimile über vergrößerte Arbeitskopien bis zu gering auflösenden Internetpräsentationen. Auf diese Weise wird auch das gesamte, in den Kartenbeständen gespeicherte historische räumliche Wissen in das informationelle Präsenz überführt. Es kann dem Bibliotheksnutzer gleichzeitig mit aktuellen digitalen Kartendaten bereit gestellt werden.

Tatsächlich bedeuten digitale Altkarten für die Nutzer von Kartensammlungen eine wesentliche Verbesserung bzw. Erweiterung der Nutzungsmöglichkeiten. Der häufig eingeschränkte Gebrauch von Altkartenbeständen wird dauerhaft vereinfacht, weil

---

[5] *Beispielsweise das erwähnte Projekt der Staats- und Universitätsbibliothek Bremen zur retrospektiven Digitalisierung historischer Kartenbestände (http://gauss.suub.uni-bremen.de/fr_dfg.htm)*

Schutzmaßnahmen (Unterglasnutzung, Kopierverbot etc.) entfallen. Ferner können mehrere Nutzer gleichzeitig auf denselben Kartendatenbestand zugreifen. Schließlich werden völlig neue Nutzungen, z.B. in Datennetzen oder in Geoinformationssystemen, möglich.

3.3 Virtuelle Kartenbibliothek

Weltweite Datennetze wie das Internet haben inzwischen zu einer Vernetzung der Kartensammlungen untereinander geführt. Damit ist gleichsam eine globale virtuelle Kartensammlung entstanden, die dem Nutzer jeweils durch ein regionales Portal, die herkömmliche Kartenbibliothek, zugänglich ist. Die Vernetzung ermöglicht der Kartensammlung zunächst, die Bestandskataloge sowie ausgewählte Bestände online im Internet zu präsentieren. Letzteres geschieht zunehmend in Form analoger Kartengraphiken, zuweilen ergänzt durch weitere Informations- und Diensteangebote. Die Bereitstellung vernetzter Rechnerarbeitsplätze in der Kartensammlung eröffnet dem Nutzer umfangreiche Recherche- und Zugriffsmöglichkeiten auf Kartenbestände innerhalb und außerhalb der eigenen Bibliothek. Dabei können die jeweils interessierenden Karten ganz oder im Ausschnitt, teils hochauflösend, selektiert, betrachtet oder ausgewertet werden. Künftig wird es auch möglich sein, die ausgewählten Kartendaten aus dem Internet herunterzuladen; u.U. unter Einbeziehung einer E-commerce-Komponente.

Die Vernetzung der Kartenbibliothek erlaubt dem Nutzer ferner, in zunehmendem Umfang auf die digitalen Sammlungsbestände an Karten und Kartendaten in der Kartensammlung vom eigenen Arbeitsplatz zugreifen zu können. Auf Nutzerseite entfällt damit die Notwendigkeit der physischen Präsenz in der Bibliothek; dies dürfte vor allem der wissenschaftliche Nutzer schätzen. Als Folge verändern sich auf Seiten des Bibliothekspersonals Aufgaben und Anforderungen der Nutzerberatung.

Durch die Einbindung in globale Datennetze ist die Kartenbibliothek schließlich mit einer Vielzahl forschender, amtlicher und kommerzieller Einrichtungen auf dem Gebiet der Geoinformation in einem virtuellen Georaum vernetzt. Auf diese Weise kann die Kartensammlung auf vielfältige Geodatenbanken, geoinformationelle Methodenbanken und Geodienste für den eigenen Gebrauch oder die Weitergabe an den Nutzer zugreifen. Sie kann aber auch eigene Produkte, vom Digitalfaksimile und lexikalischen Datenbeständen bis zu Potskarte und Poster erzeugen und anbieten. Damit wird das klassische Netzwerk zwischen Kartenbibliotheken und raumbezogenen Wissenschaften in eine dem Medienzeitalter gemäße Form transponiert.

4.0 **Funktion und Aufgaben der Kartensammlung im Medienzeitalter**

4.1 Kartensammlung – eine „klassische" Positionsbestimmung

Eine Kartensammlung ist, nach der knappen Lehrbuchdefinition von HAKE/ GRÜNREICH (1994: 19) „eine räumlich geschlossene, systematisch geordnete Zusammentragung von Karten für Dokumentation und Benutzung". Als Karte wurde in diesem Zusammenhang bis in die jüngste Zeit stets das graphisch-analoge Produkt, überwiegend in Papierform verstanden. Die materielle Archivierung von Karten ist denn auch wesentliches Ziel der Sammlung von Karten und Kartenwerken (gewesen). Unmittelbare Folge ist die Kompilierung einer immateriellen Datenbank mit „geographical intelligence", mit historischen wie rezenten räumlichen Wissen. Diese Doppelfunktion hat der Kartensammlung bislang eine zentrale Position im Netzwerk der raumbezogenen Wissenschaften und als öffentlicher Zugang zu thematisch und räumlich vielfältigen Geoinformationen gesichert. In dieser Konstellation besteht die wesentliche Aufgabe des Bibliothekspersonals in der Archivierung und Sicherung der Sammlungsbestände und der Erbringung fachwissenschaftlicher Dienstleistungen. Dies schließt die Öffnung der Bestände für die fachwissenschaftliche und öffentliche Nutzung und die bibliothekarische und kartographische Nutzungsberatung ein.

4.2 Neue Aufgaben und Funktionen

Der wachsende Einfluss moderner Informationstechnologien und die fortschreitende Verbreitung digitaler Geoinformationen lassen auch die Aufgaben und Funktionen der Kartenbibliothek nicht unverändert (ASCHE 1998). Zunächst verschiebt sich durch die hinzu gekommene Sammlung und Archivierung digitaler Karten und Kartendaten der Schwerpunkt der Kartenbibliothek vom bisherigen Archiv materieller analoger Karten zur künftigen Daten- und Methodenbank virtueller und analoger Karten. Bereits am Beginn dieser Entwicklung zeichnen sich aus der Perspektive des Bibliotheksnutzers neue Aufgaben und Funktionen ab, die repräsentativ für den künftigen Standort der Kartensammlung sein dürften.

(1) Die Nutzung der Kartensammlung wird sich nicht mehr auf die vor Ort verfügbaren analogen und virtuellen Kartenbestände beschränken, sondern sich tendenziell auf alle in Datennetzen verfügbaren digitalen Karten(daten) ausweiten. In diesem Prozess fällt der Kartenbibliothek die Aufgabe eines Kompetenzzentrums für Datenrecherche und Nutzerbegleitung im Überangebot digitaler Geodaten zu.

(2) Die Nutzung der Sammlungsbestände wird sich von analogen Karten, zumal Kartenoriginalen, auf digitale Duplikate, virtuelle Karten und digitale Geoda-

tensätze verlagern. Dabei gestattet die Digitalform der virtuellen Karten dem Nutzer eine Vielzahl neuer Kartenausswertungen, wie wahlfreie Vergrößerungen, Umprojektionen, kartometrische Auswertungen, Kartenüberlagerungen, Kartenverschneidungen etc. Die Funktion der Kartensammlung wird sich daher auf die Nutzerunterstützung durch Beratung und Dienstleistung in Geovisualisierung und Raumdatenexploration ausdehnen müssen.

(3) Der Netzzugang zu den Sammlungsbeständen hebt die jahrhundertealte Einheit von Sammlung, Archivierung und Nutzung der Karten am Ort der Kartenbibliothek auf. Dementsprechend wandelt sich die Aufgabe der Kartensammlung in Richtung eines virtuellen Bibliotheksforums, in dem der Nutzer durch Online-Chat und begleitetes Websurfen zu den ihn interessierenden Geoinformationen gelangt.

Diese Entwicklungen tangieren die herkömmliche Funktion der Kartensammlung als eine nach dem Holprinzip organisierte Spezialbibliothek, in der Nutzer die gewünschten Karten per Bestandskatalog vorfindet oder bestellt. Damit ist die Nutzung der Sammlungsbestände, d.h. die Erschließung räumlichen Wissens, entscheidend an die Aktivität und Anwesenheit des Nutzers gebunden. Im medialen Zeitalter von Internet, Websurfen und Online-Chat entfällt die Notwendigkeit des Bibliotheksbesuchs. In dieser Situation wird die Kartensammlung ihre Bedeutung als Archiv historischer und rezenter Geoinformation nur erhalten können, wenn sie ihre Funktionen zunehmend am Bringprinzip ausrichtet. Dazu wird sie aus eigener Aktivität dem Bibliotheksnutzer das vorhandene raumwissenschaftliche und informationstechnische Fachwissen zur Identifizierung, Bearbeitung und Auswertung virtueller Karten und Raumdaten im Internet wie vor Ort offerieren müssen.

4.3 Zur künftigen Rolle der „digitalen" Kartensammlung

Angesichts weltweit verfügbarer, stetig wachsender digitaler Geodaten und Geodatenbanken schwindet die herausragende Bedeutung der Kartensammlung als (analoger) Speicher räumlichen Wissens. Zwar haben sich die Kartenbibliotheken in unterschiedlichem Umfang der digitalen Informationstechnologie geöffnet, die Konturen einer neu definierte Rolle der künftigen „digitalen" Kartensammlung sind trotz entsprechender Forschungs- und Entwicklungsprojekte gegenwärtig aber noch unscharf. Aus der Perspektive des Nutzers zeichnen sich aber einige Elemente ab, die den künftigen Standort und Stellenwert der Kartenbibliothek maßgeblich prägen dürften.

(1) Es konnte gezeigt werden, dass die zentrale Rolle der „digitalen" Kartensammlung im Informations- und Medienzeitalter nicht mehr in ihrer Funktion als materieller Speicher historischen wie rezenten raumbezogenen Wissens liegt. Vielmehr wird sich der künftige Stellenwert wesentlich durch die Rolle der Karten-

sammlung als geographisches Informationsportal[6] zur realen wie virtuellen Kartenbibliothek bestimmen, das dem Nutzer einen einfachen Zugang zu archivierten wie globalen Geoinformationen und abgeleiteten virtuellen wie analogen Karten ermöglicht.

(2) Aus der Rolle als Informationsportal folgt, dass der Kartensammlung neue informationstechnische wie fachwissenschaftliche Kompetenz auf dem Feld des raumbezogenem Wissensmanagement zuwachsen muss. Diese Fähigkeiten sind überwiegend komplementär zur herkömmlichen bibliothekarischen Kompetenz des Bibliothekspersonals aufzubauen. Denn es ist weniger die informationstechnische Ausstattung als vielmehr die professionelle Kompetenz des Bibliothekspersonals, welche die Rolle der Kartensammlung als Zentrum raumbezogenen Wissensmanagements ermöglicht. Gegenüber dem Nutzer kann die Kartenbibliothek ihrer neuen Rolle dadurch gerecht werden, dass sie ihre Fähigkeiten entsprechend dem Bringprinzip sowohl vor Ort als auch im Internet in eingängiger, attraktiver Form anbietet.

(3) Damit gewinnt die z.T. bereits zu den klassischen Bibliotheksaufgaben zählende Nutzerberatung einen wesentlich größeren Stellenwert. Dabei kann sie sich nicht länger auf das Auffinden und Verfügbarmachen benötigter Karten in der realen Sammlung beschränken. Künftig wird vielmehr die Assistenz und Begleitung bei webbasierten Recherchen (browsing) sowie weitere vernetzte Informations- und Bibliothekdienste, z.B. die Bereitstellung von Zusatzinformationen oder nutzungsspezifische Softwareberatung, im Zentrum stehen. In der Konkurrenz der Präsentation der Kartenbibliotheken im Internet sind es insbesondere Art, Aufbereitung und Umfang der Informations- und Nutzungsdienste, die den Bibliotheksnutzer an eine konkrete Kartensammlung heranführen und häufig längerfristig binden.

5.0 **Fazit**

Im Informations- und Medienzeitalter nimmt die Zahl virtueller Kartenprodukte und digitaler Geodatenbestände stetig zu, die entweder die konventionellen Papierkarten komplementär ergänzen oder eigenständige Digitalprodukte ohne analoge Pendents sind. Tendenziell wächst dabei der Anteil netzbasierter Produkte, die nicht mehr auf materiellen Datenträgern veröffentlicht werden. Zugleich verfügt die Mehrzahl der Nutzer von Kartenbibliotheken am Arbeitsplatz oder zu Hause über Mikrocomputer

---

[6] *Diesem wichtigen Thema – ohne Einengung auf Kartensammlungen – widmet sich z.B. die 2003 in Berlin geplante 69. Jahrestagung der Internationalen Biliotheksvereinigung IFLA unter dem entsprechenden Motto: „Bibliothek als Portal: Medien – Information – Kultur" (http://www.ifla.org).*

und Internetanschluss. Websurfen, E-Mail und Chat werden mittlerweile selbstverständlich zur Information und Kommunikation benutzt. Es ist daher eine realistische Annahme, wenn die potentiellen Nutzer die entsprechenden informationstechnischen Einrichtungen und darauf abgestimmte Dienstleistungen auch in der „digitalen" Kartensammlung erwarten.

Dieser umfassende technologische wie informationelle Wandel stellt, wie ferner gezeigt werden konnte, zweifellos eine massive Herausforderung für die Kartenbibliothek dar. Dabei berühren die Veränderungen sowohl die generelle Rolle der Kartensammlung als auch ihre einzelnen Aufgaben und Funktionen. Zwar ist der permanente technologische Wandel ein klassisches Wesensmerkmal der Kartographie (MONMONIER 1985). Er schlägt sich – wie erwähnt – in jeder Karte sichtbar in Visualisierung, Herstellung und Trägermaterial nieder[7]. Erstmals in der Geschichte der Kartenbibliothek aber haben sich Erscheinungsform und Medien der Karten derart radikal gewandelt, wie dies bei virtuellen Karten auf Basis latenter alphanumerischer Daten der Fall ist.

Vor diesem Hintergrund erzwingen digitale Karten und Geodaten eine umfassende Neubestimmung der Position und des Stellenwertes der Kartensammlung. Die Stichworte einer neuen Positionierung der Kartensammlung im Medienzeitalter sind bereits genannt: Informationsportal, Wissensmanagement, Nutzerdienstleistungen. Wird dieser Weg beschritten, sind weitreichende Veränderungen in der informationstechnischen Ausstattung, den nunmehr überwiegend webbasierten Bibliotheks- und Dienstleistungen, und entscheidend bei der Qualifikation und den Aufgaben des Bibliothekspersonals die notwendige Konsequenz. Dabei bleibt die zentrale Kompetenz der Kartensammlung als Hort graphikbezogenen räumlichen Wissens im Kern unverändert.

Will die Kartensammlung diese bedeutsame Rolle im Netzwerk der raumbezogenen Fachdisziplinen ausbauen und erhalten, muss sie die Herausforderungen des Medienzeitalters, die sich im Komplex digitale Karte bündeln, annehmen und produktiv umsetzen. Dazu kann sie auf zahlreiche aktuelle Projekte und Untersuchungen im

---

[7] *Somit dokumentieren Karten den Entwicklungsstand der jeweiligen kartographischen Visualisierungsverfahren, Herstellungs- und Vervielfältigungstechnologien. Daher kann die Kartensammlung auch als Archiv der kartographischen Methodenentwicklung und des permanenten Wandels der kartographischen Produktionstechniken, von der zeichnerisch-künstlerischen Herstellung von Unikaten über die analogen Vervielfältigunsgverfahren des Holzschnitts, Kupferstichs, der Lithographie und des Offsetdrucks bis zur digitalen Form von Karten und Geodaten, gesehen werden.*

Bibliotheksumfeld zurückgreifen[8]. Wichtig erscheint, dass – wie in anderen Feldern von Bildung und Wissenschaft – die Kartenbibliotheken bestehende Defizite im Einsatz digitaler Informationstechnik kurzfristig und in allen Bereichen beseitigen und ihre künftige Rolle in der Ära digitaler Geoinformationen und virtueller Karten bestimmen. Dazu zählt auch ein neues Aufgaben- und Qualifikationsprofil des Bibliothekspersonals. Nur so scheint gewährleistet werden zu können, dass die Kartensammlung ihrer unveränderte Funktion, dem Nutzer vielfältige georäumliche Informationen verfügbar zu machen, auch in einem radikal gewandelten Umfeld weiter wahrnehmen kann. Angesicht der erforderlichen Mittel und den begrenzten öffentlichen Ressourcen wäre zu prüfen, ob hierbei nicht auch neue Wege bei der Beschaffung und Qualifikation, etwa in Form von Public-Private-Partnership, beschritten werden können.

---

8 *Beispielhaft sei auf das aktuelle Pilotprojekt „Ask us live" der Bibliotheken des US-amerikanischen Massachusetts Institute of Technology (MIT) verwiesen, das die Entwicklung und Implementierung eines internetbasierten virtuellen Bibliotheks-Informationskiosks zum Ziel hat (http://libraries.mit.edu/research/ask/ask-general.html).*

Literatur

ASCHE, H. (2001a): Kartographische Informationsverarbeitung in Datennetzen – Prinzipien, Produkte, Perspektiven. In: Herrmann, C., Asche, H. (Hrsg.): Web.Mapping_1. Raumbezogene Information und Kommunikation im Internet. S. 3-18. Heidelberg.

ASCHE, H. (2001b): Auf dem Weg zum virtuellen Atlas – Stand und Perspektiven der Atlasnutzung im Medienzeitalter. In: Buzin, R., Wintges, T. (Hrsg.): Kartographie 2001 – multidisziplinär und multimedial. Beiträge zum 50. Deutschen Kartographentag, S. 23-32. Heidelberg.

ASCHE, H. (1998): Mapping and map use in the age of information technology. In: LIBER Quarterly 8(2): 127-135

ASCHE, H. (1995): Elektronische Atlanten. In: Wolff, H. (Hrsg.), 400 Jahre Mercator, 400 Jahre Atlas. Bayerische Staatsbibliothek, Ausstellungskataloge, 65, S. 306-317. Weißenhorn.

ASCHE, H. (1996): Modellierung und Nutzung elektronischer Karten. In: Mayer, F., Kriz, K. (Hrsg.): Kartographie im multimedialen Umfeld. Wiener Schriften zur Geographie und Kartographie, 8, S. 150-167. Wien.

ASCHE, H., HERRMANN, C. M. (1994): Designing interactive maps for planning and education. In: MacEachren, A.M., Taylor, D.R.F. (eds.), Visualization in modern cartography. Modern cartography 2, S. 215-242. Oxford.

HEARNSHAW, H.M., UNWIN, D.J. (eds.) (1994): Visualization in geographical information systems. Chichester.

DODGE, M., KITCHIN, R. (2001): Mapping cyberspace. London-New York.

FLEET, C. (1998): The role of computer technology in the future map library. In: LIBER Quarterly 8(2), S. 136-145.

FUHRMANN, S., KRAAK, M.-J. (2001) : Geovisualisierung – Einführung in das Thema. In: Kartographische Nachrichten 51(4), S. 173-175.

HAKE, G. GRÜNREICH, D. (1994): Kartographie. De Gruyter Lehrbuch. Berlin-New York.

KLÖTI, T. (1998): Map librarianship and the WWW – developments in Switzerland. In: LIBER Quarterly 8(2), S. 166-171.

KRAAK, M.-J., BROWN, A. (Hrsg.) (2000): Web cartography – developments and prospects. London.

MacEACHREN, A.M., KRAAK, M.-J. (2001): Research challenges in geovisualization. In: Cartogr. and Geogr. Inform. Systems, 28(1), S. 3-12.

MONMONIER, M.S. (1985): Technological transition in cartography. Madison, Wisconsin.

MORRISON, J. .L (1993): Changes and trends in the processes and products of modern cartography. In: Kainz, W., Mayer, F. (Hrsg.): GIS und Kartographie. Wiener Schr. z. Geographie und Kartographie 6, S. 137-157.

TAYLOR, D.R.F. (1994): Perspectives on visualization and modern cartography. In: MacEachren, A.M., Taylor, D.R.F. (Hrsg.), Visualization in modern cartography. Modern cartography 2, S. 333-341. Oxford.

TAYLOR, D.R.F. (1991a): A conceptual basis for cartography / New directions for the information era. In: Cartographica 28(4), S. 1-8.

TAYLOR, D.R.F. (Hrsg.) (1991b): The microcomputer and modern cartography. Modern Cartography 1. Oxford.

Benutzte URL (Zugriff 09/2001):

Alexandria Project: http://alexandria.ucsb.edu
Ask us live: http://libraries.mit.edu/research/ask/ask-general.html
Digitalisierung historischer Karten: http://gauss.suub.uni-bremen.de
IFLA: http://www.ifla.org
The national atlas of Canada online: http://atlas.gc.ca

Von der Kartensammlung zum Zentrum für Rauminformation

Jürg Bühler

Die Kartensammlung im Wandel

Wie in vielen andern Wissensbereichen besteht auch im Bereich der Kartenbibliotheken die Notwendigkeit, neue Fakten der Zeit zu analysieren und gegebenenfalls neue Wege zu beschreiten. Fünf neue Entwicklungen sind in den Neunzigerjahren vorrangig für den notwendigen Aufbruch verantwortlich:

- die Computerkartographie,
- der Zugang zur weltweiten Information im Internet,
- abnehmende Ressourcen bei den Arbeitskräften und den Finanzen,
- die Verschiebung der Ressourcen in den Kundenbereich,
- die zunehmende Bedeutung der Rauminformation für alle Bereiche unseres Lebensraumes.

Die Computerkartographie

Seit Ende der 70er-Jahre bedient sich die Kartographie des Computers mit dem Ziel, die Herstellung von Papierkarten und ihre Nachführung rationeller machen zu können. Unter dem Qualitätsaspekt der Kartographie sind dagegen Karten am Bildschirm als Endprodukt lange Zeit suspekt. Erst in den 90er-Jahren wird die elektronische Karte für den Kunden auch von Kartographen ernst genommen, ausgelöst durch die enorme Entwicklung der Elektronik und die Möglichkeit, geographische und kartographische Daten in Geographischen Informationssystemen (GIS) zu verwalten und daraus gezielt mit den gewünschten Parametern per Computer eine Analyse erstellen oder eine Karte herstellen zu lassen. Für die moderne Kartensammlung entsteht damit die Forderung, den Kunden in Zukunft auch digitale Karten anzubieten.

Informationen im Internet

Die rasante Zunahme der Informationen im Internet macht auch vor der Kartographie nicht halt. Mit der technischen Aufrüstung der Computer und der Netzwerke ist es nun möglich, auch Bilder und Graphiken über das Internet sichtbar zu machen. Hier bietet sich für Kartensammlungen die Chance, extern Karten zu finden, die im eigenen Bestand nicht vorhanden sind.

Den Kartenbibliotheken stellt sich damit in Zukunft die Aufgabe, dieses Angebot an Karten im Internet zu eruieren und durch sinnvolle kurze Suchwege für die Kunden zu erschließen.

Verknappung der Ressourcen

Gerade die Verknappung der finanziellen Mittel zwingt vermehrt zur Einbindung alternativer Information. Eine Metadatenbank führt zu Beständen anderer Kartenbibliotheken, digitale Karten im Internet ergänzen die eigenen Bestände (z.B. Stadtpläne), die CD-ROM der topographischen Karten Großbritanniens erspart den Kauf von mehrhundert gedruckten Kartenblättern. Eine geschickte Kombination der verschiedenen Informationsmedien bringt unter Umständen namhafte Einsparungsmöglichkeiten bei qualitativ und quantitativ gleichbleibender kartographischer Information. Wesentlich schwieriger aufzufangen sind die überall zu beobachtenden Einschränkungen der personellen Ressourcen. Gerade der Einstieg in die völlig neuen Bereiche der digitalen Karten würde zusätzliche Ressourcen erfordern, denn neben der Ausbildung der Kartenbibliothekarinnen und Kartenbibliothekare und dem Aufbau der neuen Serviceangebote, müssen auch die bisherigen konventionellen Arbeiten weitergeführt werden.

Kundennähe

Die Forderung nach mehr Kundennähe und eine Umverteilung der Personalressourcen in Richtung Kundendienst kommt der geplanten Ausweitung des Serviceangebotes entgegen. Es gilt auszumachen, welche der früheren bibliothekarischen Arbeiten in der Kartensammlung durch andere Stellen übernommen werden könnten. Die bisherigen Personalressourcen vermehrt im Kundenbereich einzusetzen und dafür die bibliothekarische Erschließung des Kartenmaterials den zentralen Verarbeitungsstellen der Gesamtbibliothek zu überlassen, dürfte die geeignete Alternative sein.

Bedeutung der Rauminformation

Raumdaten - Informationen über unsern Lebensraum Erde - sind zu wichtigen Informationsträgern unserer Zeit geworden. Sie werden heute in fast allen Zweigen der Wissenschaft, Wirtschaft, Verwaltung und Verkehr benötigt. In diesem Kontext dürfte sich die Kartensammlung umorientieren zu einem Zentrum für Rauminformation: weg vom reinen Kartenmaterial, hin zur Vermittlung von umfassenden Raumdaten.

Elektronische Anwendungen in der Kartensammlung

Elektronische Anwendungen in Kartenbibliotheken sind immer noch nicht selbstverständlich. Dabei hat die Informationstechnologie mit elektronischen Bibliothekskatalogen vielerorts bereits vor mehr als zwei Jahrzehnten Einzug gehalten, mit dem Nachweis des Kartenbestandes in Computerkatalogen und der nachfolgenden Online-Katalogisierung. Ab 1990 wird die Entwicklung im neuen Bereich der digitalen Karten von den Kartenkuratoren aufmerksam verfolgt und eine Integration von Computerkarten in den Bestand der Kartensammlungen in Erwägung gezogen.

Der Einstieg in den Bereich der digitalen Karten

Die Zielvorstellung geht von der Erkenntnis aus, dass eine moderne wissenschaftliche Kartensammlung neben dem gedruckten Kartenmaterial auch digitale Karten anbieten muss, um den Bedarf der Kunden an kartographischer Information genügend abzudecken. Die Aufstockung der Personalressourcen, eine umfassende PC-Ausbildung für das Kartenteam, ein Support von EDV-Spezialisten der Bibliothek, eine bedeutende technische Aufrüstung aller Computer-Arbeitsplätze der Kartensammlung, sowie ein Anschluss an ein Netzwerk sind die Grundvoraussetzungen für die Realisierung eines solchen Projekts "Digitale Karten in der Kartensammlung".

In einigen Kartenbibliotheken werden in der 2. Hälfte der 90er-Jahre bedeutende Projekte gestartet, wie etwa die Metadatenbank Geo-Guide in Göttingen, ein großes Digitalisierungsprojekt von gedruckten Kartenbeständen in Berlin oder eine Digitalisierung und Erschließung von historischen Karten in Halle. Einen andern Weg beschreitet die ETH-Kartensammlung in Zürich: In verschiedenen kleineren Projekten wird versucht die ganze Bandbreite digitaler Kartenangebote abdecken:

- CD-ROM-Produkte mit Karten und Raumdaten verschiedenster Themen,
- diverse geographische Informationssysteme, wie etwa die Digital Chart of the World,
- ein Internet-Portal für Karten und das Kartenwesen,
- die Präsentation einer "Virtual Library" im Internet mittels Digitalisierung von Eigenbeständen,
- elektronische Übersichtsnetze zum Nachweis von Kartenwerksbeständen im Online-Katalog,
- eine Metadatenbank für digitale Geodaten der Schweiz.

Kartensammlung wohin?

Die wissenschaftliche Kartensammlung muss in Zukunft sowohl gedrucktes wie auch digitales Kartenmaterial anbieten. Nur so ist der Bedarf der Kunden an kartographischer Information genügend abzudecken. Die **gedruckten Kartenmaterialien** sind nach wie vor ein unersetzlicher Informationspool. Heute wird immer noch rund 80% der kartographischen Information durch konventionelle gedruckte Karten bestritten und dies dürfte sich im kommenden Jahrzehnt nur langsam ändern. Die Umwandlung grosser Bestände in flexible Vektorkarten bleibt wohl größtenteils Utopie. **Digitale Karten** sind damit in erster Linie zusätzliche und andersartige Informationen, besonders im Bereich der fehlenden gedruckten Karten, des schnelleren Updates, der 3D- und der GIS-Anwendungen.
Das **Internet** spielt dabei eine zentrale Rolle als Fenster zur Öffentlichkeit und als Kontakt zu und von externen Kunden. Öffentliche Information und neue Angebote wecken das Interesse für Kartenbibliotheken. Die Anwendungsmöglichkeiten in einer Kartensammlung sind zahlreich:
Information über die Kartensammlung und über die Kataloge, Suchinstrumente für Kartendokumente vom Bibliotheks-OPAC über die elektronischen Indexblätter der Kartenwerke bis hin zum Internet-Kartenkatalog, Angebote an eigenen oder externen digitalen Produkten, wie Ortsregister, Literaturlisten, virtuelle Kartenbibliotheken.

Kurz- und mittelfristig stehen in der Kartensammlung folgende Entwicklungen in Diskussion:

- Produkte digitaler Karten von allgemeinem Interesse (Weltatlanten, Ortsregister, Landeskarte etc.) werden in einem **Server** abgelegt und können so über die internen Netzwerke der Bibliothek oder des Campus von internen und externen PC-Stationen benutzt werden.

- Die Kartenrecherche mittels einer **textfreien räumlichen Suche** im "graphischen Katalogs" (mit der Möglichkeit des Anzeichnens der Region und des Anklickens des Themas) soll die für Karten wenig effiziente Suche nach Namen ablösen.

- Im Katalog soll die Titelaufnahme von Karten mit einer **Bildinformation** (Ausschnitt der gewünschten Karte) angereichert werden, um die Beschreibung zu verbessern und die Auswahl des gewünschten Dokuments zu erleichtern.

- Der Wunsch der Kunden, **Kartenmaterial mitzunehmen**, könnte mit dem Einsatz einer Infrastruktur realisiert werden, die es erlaubt, die gewünschten Karten zu scannen und sie farbig auszudrucken oder digital abzuspeichern.

- Noch weiter geht die Idee eines **Recherchezentrum für Karten**, mit der Dienstleitung, für Kunden auf Anfrage (per Brief, Telefon, E-Mail) Karteninformation zu recherchieren, zu scannen und elektronisch zuzusenden. Allerdings ist eine solche Recherche bedeutend aufwändiger, als die des Schrifttums. Doch eine solche neue Dienstleistung könnte für die Kartensammlungen eine grosse Akzeptanz in der Öffentlichkeit schaffen.

In einer Langfristplanung ist von folgenden Prämissen auszugehen:

- Die Bibliotheken wandeln sich zu Informationszentren. Dazu gehört auch die Integration der Bildinformation, darunter vor allem der Geodaten unseres Lebensraumes Erde.

- Die GIS- und Raumdaten erhalten zunehmend eine zentrale Bedeutung, mit ähnlich hohem Stellenwert wie die textliche Information.

In diesem Kontext dürfte sich die wissenschaftliche Kartensammlung umorientieren zu einem **Zentrum für Rauminformation**, weg vom reinen Kartenmaterial, hin zur Vermittlung von umfassenden Raumdaten: Lokal benutzbar an Workstations als Geographische Informationssysteme, netzweit genutzt über Internet-Angebote und ergänzt durch einen aktiv ausgebauten Metadaten-Katalog über die externen Angebote an GIS- und Raumdaten.

B. Vom Konzept zur Realisierung

Digitale Angebote in Kartenbibliotheken – vom Konzept zur Realisierung

Jürg Bühler

1994-1998 ist die Zeit des Aufbruchs der wissenschaftlichen Kartensammlungen in den neuen Bereich der digitalen Karten. Anhand des Beispiels der Kartensammlung der ETH Zürich soll diese Entwicklung illustriert werden mit der (verkürzten) Darstellung der drei Berichte: Konzept (1995) - Aufbau (1997) - Realisierung (1998).

A. Das Konzept „Die Zukunft moderner Kartensammlungen“ (1995)

1. Die allgemeine Situation

Zweck der Kartensammlung ist die Informationsvermittlung in graphischer Form, vorwiegend als Karten oder Pläne, kombiniert mit Bildern, Graphiken und Text. Der entscheidende Unterschied zu der Bibliothek mit ihren Textdokumenten ist das Element "Information in graphischer Form". Sie ist dort unabdingbar, wo komplexe Inhalte und ihre Beziehungen zueinander darzustellen sind, die mit Text nicht oder nur mit großem Aufwand erklärt werden können. Die Kartensammlung wiederum hat ihre Aufgabe dort, wo diese graphischen Darstellungen mit räumlichen Beziehungen verknüpft sind, wie zum Beispiel im Fall komplexer geologischer Verhältnisse in einem grösseren geographischen Gebiet. Diese Darstellungen wurden bis vor einigen Jahren fast ausschliesslich in gedruckter oder handgezeichneter Form als Karte oder Plan, seltener als Relief oder Globus angeboten.

Mit der Entwicklung der Computerkartographie sind für diese Aufgabe neue Möglichkeiten entstanden, die neben schnellerer Nachführung des Inhaltes zahlreiche neuartige Anwendungen und Nutzungsmöglichkeiten erlauben, welche uns ohne Computer bisher nicht erschlossen waren und ganz neue Arten der Informationsauswertung ermöglichen. Es wird damit möglich, alle Informationen, die sich auf einen geographischen Raum beziehen und damit in einer Datenbank eine "räumliche Adressierung" besitzen, mit Hilfe eines kartographischen Computerprogramms als zweidimensionale oder dreidimensionale Karte darzustellen, sie mit Bild- und Textmaterial zu bereichern und sie als multimediale Information den Benutzern auf dem Bildschirm in graphischer Form zu präsentieren. Als Datenbanken werden dafür die Geographischen Informationssysteme (GIS) benutzt, deren Besonderheit die Aufbewahrung und Erschließung von räumlich orientierter Information ist. Diese Datenbanken werden von Anbietern erworben oder können in offenen Datennetzen genutzt werden.

2. Die Ergänzung des Kartenbestandes mit digitalem Kartenmaterial

Es wäre nun falsch anzunehmen, die Zukunft der Kartenbibliotheken bestehe ausschließlich aus Computerkarten. Viele Fachgebiete werden weiterhin nur mit gedruckten und gezeichneten Karten abzudecken sein, bei anderen Bereichen werden unter Umständen allein digitale Karten als Information dienen. Die moderne Kartensammlung muss damit zwei verschiedene Arten von Sammlungsbeständen verwalten und anbieten: Das konventionelle gedruckte Kartenmaterial und die digitalen Karten aus dem Computer:

- Traditionelle Kartenmaterialien: Karten, Atlanten, Reliefs, Globen
- Computerkartographische Materialen: Digitale Karten und Raumdarstellungen, GIS

Die beiden Sammlungsbereiche erfordern ganz verschiedene Arbeitstechniken. Damit steigen die beruflichen Anforderungen an die KartenbibliothekarInnen und der zu leistende Arbeitsaufwand. Es braucht Spezialistinnen und Spezialisten auf dem Bereich von EDV, GIS und Computerkartographie. Die Personalressourcen müssen erhöht werden, oder es muss eine permanente Unterstützung von einer zentralen Stelle erfolgen. Der Bereich des konventionellen Kartenmaterials muss zugunsten des neuen Gebiets der Computerkarten verringert werden. Es ist zu entscheiden, welche Gebiete mit gedruckten Karten und welche mit digitalem Kartenmaterial abgedeckt werden sollen.

Die Computertechnik ermöglicht aber auch ein gegenseitiges Ergänzen von konventionellen und digitalen Karten: Gedruckte Karten können mit Einscannen sicherheitskopiert und für die Benutzung im Computer aufbereitet werden. Dabei kann der Benutzer und die Benutzerin die Karte nach ihren Bedürfnissen editieren. Umgekehrt besteht auch die Möglichkeit, Computerkarten auszudrucken.

Digitale Kartenbestände können aus verschiedenen Quellen stammen. Für die Kartensammlung im Vordergrund ist die Anschaffung von Produkten auf Disketten und CD-ROM, das Erfassen von Kartenmaterial aus Netzwerken (Internet) und das Einscannen gedruckter Kartenbestände.

3. Digitale Karten auf Disketten und CD-ROM

Das Angebot an CD-ROM Produkten kann auf zwei verschiedenen Wegen erreicht werden:

- Bei der Anschaffung von CD-ROMs richtet sich die Auswahl nach dem allgemeinen Sammelkonzept. Im Vordergrund stehen beispielsweise für die Kartensammlung der ETH-Bibliothek thematische Karten, Atlanten, Ortsregister und geographische Nachschlagewerke. Gewicht ist auf diejenigen Bereiche zu legen, die mit den konventionellen gedruckten Karten nicht oder schlecht abgedeckt werden können. Allgemein interessante Produkte sollen auf einen Server geladen und über das Netzwerk verfügbar gemacht werden.

- Eigenproduktionen von CD-ROMs sind vorgesehen als Sicherheitskopien für wertvolle Bestände und als thematische Zusammenstellungen aus dem Bestand gedruckter Karten. Daneben ist die Möglichkeit des Einscannens einzelner Karten zum Editieren im Computer gegeben.

4. Digitale Karten aus Netzwerken (Intranet und Internet)

Produkte digitaler Karten können zum einen über den Bibliotheksserver in die internen Netzwerke der Bibliothek oder des Campus eingespiesen werden. Wichtig erscheint der Zugriff vor allem in den elektronisch ausgerüsteteten Lesesälen, in den Katalogsälen, in andern Multimedia-Abteilungen und an Arbeitsplätzen, welche auf geographische Informationen angewiesen sind. Über einen Server sind diese Produkte digitaler Karten an allen PC-Arbeitsplätzen der Bibliothek oder des Campus nutzbar.

Die zweite, noch interessantere Möglichkeit, ist der Bezug von digitalen Karten aus offenen Netzwerken wie dem Internet. Hier soll Kartenmaterial gefunden werden, das eine qualitativ wichtige Ergänzung zum Sammlungsbestand darstellt. Um lang dauerndes zufälliges "Serven" der Benutzerinnen und Benutzer zu vermeiden, stellt sich den KartenbibliothekarInnen hier die Aufgabe, vorgängig das wichtige Material selber zu finden und die entsprechenden Suchwege aufzuzeigen und einzubauen. Diese Pilotfunktion dürfte sich zu einer zentralen Arbeit der KartenbibliothekarInnen entwickeln.

Eine weitere Nutzungsmöglichkeit des Internets ist der Nachweis eigener Bestände. Das Nahziel dürfte darin bestehen, eine für den Sammlungsbestand repräsentative Auswahl von Karten digital ins Netzwerk einzuspeisen und so die Kartensammlung vorzustellen. Theoretisch wäre es aber möglich, in Laufe der Zeit den ganzen

Sammlungsbestand digital aufzunehmen und ins Netzwerk einzuspeisen, um den BenutzerInnen auf der ganzen Welt eine vollständige Einsicht zu ermöglichen.

Mittelfristig sollte die Nutzung eines "graphischen Katalogs" (mit der Möglichkeit des Anzeichnens der gewünschte Region im Übersichtsnetz) und das bildliche Aufzeigen eines kleinen Ausschnitts der gewünschten Karte im Katalog angestrebt werden.

In einer Langfristplanung ist davon auszugehen, dass das Internet in der heutigen Form lediglich der Anfang einer eigentlichen Informationsevolution ist. Das ungeordnete Herumsuchen wird ersetzt durch effiziente Suchstrategien, spezifische Sachgebiete werden mit einer Qualitätskontrolle ausgebaut. In internationaler Zusammenarbeit könnten Datenbanken gemeinsam aufgebaut und die Daten mit Hochgeschwindigkeits-Datennetzen miteinander verknüpft werden. Von der Vielfalt der Benutzungsebenen könnte sich die Informationstechnologie in Richtung auf ein multifunktionales Gesamtsystem bewegen, in dem alle Bereiche integriert sind, sowohl die eigenen Daten und Anwendungen, wie auch der Zugriff in Netzwerke. Im Ansatz gibt es bereits heute Ansätze, die in diese Richtung weisen. In utopischer Weise zeigt TERRAVISION von Art+Com in Berlin 1995, wie eine Kartensammlung in Zukunft aussehen könnte: Raumdaten jeder Art werden auf einem virtuellen Globus mit multimedialer Oberfläche gespeichert und können durch stufenloses Zooming von der Weltübersicht bis auf den Dezimeter-Raster abgefragt und benutzt werden.

5. Die Kartensammlung - Fenster für digitale GIS-Daten

Im Sinn einer neuen Ausrichtung der Service-Leistungen wäre auch die Funktion eines "Verkaufsladens" für wichtige GIS-Daten des Landes denkbar. So sind in der Schweiz die Daten der digitalen Landeskarten der Landestopographie und die thematischen Daten der Datenbank GEOSTAT aus dem Bundesamt für Statistik für Interessenten nur schwer einsehbar. Die Kartensammlung könnte sich hier als "Fenster" für die Öffentlichkeit anbieten, als eine Art öffentlicher Verkaufsstelle: Hier würden die Daten konsultiert und ausgewählt. Farbige Papierkopien ab Bildschirm könnten direkt bezogen werden, die Einnahmen würden mit den "Datenherren" abgerechnet. Für den Direktbezug digitaler GIS-Daten würde auf Grund der eruierten Bedürfnisse eine Bestellung an die Bundesämter erfolgen. Der Vorteil einer solchen Einrichtung wäre für "Datenherren" die Öffentlichkeit ihrer Produkte, für die Kartensammlung und die Konsumenten das einsehbare Angebot der wichtigsten digitalen Daten des Landes - eine interessante, wenn auch zum heutigen Zeitpunkt noch utopische Perspektive.

6. Realisierungsbedingungen

Für die Realisierung der digitalen Zukunft sind gewisse Voraussetzungen notwendig: In der Kurzzeitplanung sind die Personalsituation (Arbeitsressourcen, Spezialausbildung) und die neue technische Ausstattung entscheidend, in der Langzeitplanung gilt es, Entwicklungen zu verfolgen und Kontakte zu andern Stellen zu knüpfen, um gemeinsam Datennetze aufzubauen, zu unterhalten und zu nutzen.
Da das neue Gebiet der digitalen Karten zusätzlichen Aufwand mit zusätzlichem Spezialwissen bringt und da der Service der Kartensammlung bedeutend ausgebaut wird, ist eine Verstärkung des Personalbestandes um mindestens eine Vollstelle notwendig. Andernfalls könnte nur ein Teil der neuen Aufgaben übernommen oder es müssten bisherige Aufgaben reduziert werden. Die gegenwärtige Lage lässt jedoch wenig Spielraum. Wir möchten daher das folgende dreiteilige Ressourcenprogramm vorschlagen: Aufstockung um eine halbe Stelle, Ausbildung von 2 Mitarbeitenden auf dem PC-Bereich und Einsatz eines für die Bibliothek arbeitenden PC- und Netzwerkspezialisten. Die Reduktion im konventionellen Bereich dürfte v.a. in einem Verzicht auf jenes Kartenmaterial bestehen, welches durch Produkte digitaler Karten abgedeckt werden kann oder nur archivarischen Charakter besitzt.

Mit dem neuen Bereich der digitalen Karten sind in der Kartensammlung EDV-Kenntnisse auf sehr verschiedenen Gebieten notwendig: Verwaltung von Datenbanken digitaler Karten (Anschaffung, Einrichtung, Suchstrategien, Benutzerberatung, Auswahl und Pflege von Hard- und Software), die Erschließung und Nutzung von digitalen Karten im Internet und die Einspeisung von Informationen über die Kartensammlung ins Internet durch eigene Webseiten.

Im Bereich der digitalen Karten auf Disketten und CD-ROM ergeben sich folgende Aufgaben:

- Die Inhalts- und Suchwegbeschreibung (Piloting) der einzelnen Produkte soll es den Benutzerinnen und Benutzern ermöglichen, gezielt und schnell die gewünschte Information zu erreichen.

- Den Kunden sind Benutzungsanleitungen und Schulungsmöglichkeiten anzubieten.

- Die Produktion eigener CD-ROMs bietet sich als Sicherheitskopien wertvoller Karten und für Kartenausstellungen thematischer Art an. So könnten beispielsweise die Eduard Imhof-Sammlung oder Bestände des Friedländer-Instituts digitalisiert angeboten werden.

Aufgaben im Bereich Internet und Netzwerk:

- Bei der Recherche nach digitalen Karten wird das Internet primär genutzt, um GIS-Datenbanken und digitale Karten aufzufinden, welche eine Ergänzung unseres Sammlungsbestandes bilden, oder welche es erlaubt, in Randgebieten eine Reduktion unserer Beschaffungen vorzunehmen. Die gefundenen relevanten digitalen Karten werden bibliothekarisch erschlossen und mit einem für die Benutzung notwendigen Suchweg versehen.

- Das Internet bietet sich im Weiteren für einen WWW-Auftritt der Kartensammlung der ETH-Bibliothek an, mit Information über die Sammlung, Suchmöglichkeiten nach Karten und dem Angebot eines digitalen Kartenarchivs.

- Ferner soll das Netzwerk für E-Mail-Post und Fax genutzt werden, welche es uns erlauben, Kundenkontakte zu pflegen und Fachdiskussionen zu verfolgen und zu führen.

Die Umstellung der Arbeitstechniken auf die PC-Welt, der Einbezug der digitalen Karten auf Disketten oder CD-ROM und der Zugriff auf externe Netzwerke erfordern eine grosse Investition in die technische Ausrüstung der Kartensammlung.

- Als Arbeitsgeräte benötigen alle KartenbibliothekarInnen leistungsstarke PCs mit CD-ROM-Laufwerken und einer Netzwerkverbindung zu dem Bibliotheksserver und dem Internet.

- Als Abfragegeräte für die Kunden sind zwei Pentium PCs für die Disketten- und CD-ROM-Abfrage, sowie für den Netzzugang zum OPAC und zum Internet vorgesehen.

- Der Netzwerkanschluss für alle PC-Geräte und Drucker ist eine wichtige Voraussetzung für die Verbindung zum OPAC und zum Internet.

- Drucker und Scanner sind als periphere Hardware einzuplanen. Gerade bei Karten und anderem graphischen Material ist oft eine Farbkopie unerlässlich.
  Mit der Beschaffung eines digitalen Farbkopierers für die gesamte Bibliothek wären zudem gleich drei verschiedene Funktionen abgedeckt: Farbkopien von Druckvorlagen, Einscannen von konventionellen gedruckten Karten und Farbausdrucke von digitalen Karten ab Computer. Eine mögliche Alternative dazu wäre ein Kleinscanner für die Kartensammlung. Dies hätte allerdings den Nachteil, dass Papierkarten weiterhin nur extern farbig kopiert werden könnten.

- Die geplante Workstation dient der Abfrage und Bearbeitung von digitalen Karten, dem Aufbau des graphischen Katalogs und der Aufnahme von GIS-Datenbanken, welche eine große Kapazität an Speicher und Rechenleistung erfordern. Als Software stehen ArcView (mit Schnittstelle zur kartographischen "Standardsoftware" ArcInfo) und Adobe Illustrator (für einfachere Produkte) im Vordergrund.

- Ein Abfragegerät für digitale Karten im Lesesaal der Bibliothek könnte dazu dienen, Produkte digitaler Karten einer großen Kundschaft anzubieten. Es wird dabei an einen monatlichen Wechsel des Produktes gedacht, mit Hinweisen auf weitere Produkte in der Sammlung.

- Eine Anschaffung von Terravision soll durch einen Besuch bei Art+Com in Berlin abgeklärt werden. Wichtig ist dabei die Beurteilung des Produkts durch einen EDV- und Netzwerkspezialisten.

B. Die digitale Kartenbibliothek im Aufbau (1997)

1. Digitale Karten in verschiedenen Ebenen

Der Bereich der digitalen Karten lässt sich in verschiedene Ebenen unterteilen. Dies ermöglicht einen Aufbau des Bestandes in Schritten.

5	Virtueller Globus als multimediale Oberfläche (z.B. Terravision)
4	Digitale Karten in Geographischen Informationssystemen GIS
3	Digitale Karten als öffentliches Angebot aus dem Bibliotheksserver
2	Digitale Karten aus dem Internet mit einer Homepage der Kartensammlung1
1	Digitale Karten ab CD-ROM und Disketten, abfragbar auf PC-Stationen

Für die Benutzerinnen und Benutzer sollen verschiedene Services aufgebaut werden:

5	Produktion eigener CD-ROMs (Rara-Karten, themat. CDs)
4	Digitalisieren (einscannen) von Beständen gedruckter Karten
3	Eigenes Editieren von digitalen Karten auf dem PC
2	Ausdrucken digitaler Karten (mit Farbdrucker oder digitalem Farbkopierer)
1	Suchen und Ansehen digitaler Karten auf dem PC

Ebene 1: Digitale Karten ab CD-ROM und Disketten

Auf zwei PC-Stationen bietet die Kartensammlung gegenwärtig die ersten Produkte digitaler Karten und geographischer Lexika an. Das aktuelle Angebot wird heute noch durch die Marktsituation bestimmt: Es gibt relativ viele einfache Produkte, z.B. in Form von Bildatlanten und touristischen Produkten. Interessante wissenschaftlich-thematische Produkte auf CD-ROM sind noch eher selten. Wir können diese Produkte in verschiedene Kategorien gliedern:

- Digitale Karten als Rasterbilder, ohne Möglichkeit der Wahl individueller Faktoren. Die Produkte sind mehr oder weniger exakte Kopien des gedruckten Dokuments. Sie sind meist recht genau und inhaltreich (Beispiele: Bertelsmann Weltatlas, Topographische Karte Bayern 1:50.000).

- Geographische Nachschlagewerke, Ortsregister, Lexika (World Guide, GeoName etc.).

- Einfache GIS-Produkte mit verschiedenen geographischen Informationen und der Möglichkeit, durch die eigene Wahl von Faktoren individuelle Karten zu kreieren. Die Wahlmöglichkeiten sind beschränkt, die Karten von eher einfacher Art (Beispiele: Global Explorer, CH-Atlas).

- GIS-Produkte auf CD-ROM mit umfangreicher Datenbank und Funktionalität sind eine besondere Herausforderung (Ebene 4).

- Eigene Produktionen auf CD-ROM bieten sich an als Sicherheitskopie wertvoller Karten, als thematische Zusammenstellung (z.B. Dokumente des Kartographen Eduard Imhof) und zur Schaffung der Möglichkeit, eingescannte gedruckte Karten zu editieren.

Ebene 2: Digitale Karten im Internet

Eine der wichtigen neuen Aufgaben für Kartenkuratoren ist die Erschließung digitaler Karten im Internet durch das Anlegen von Webseiten mit Hypertext-Links. Unter der Internet-Adresse *http://www.maps.ethz.ch* wird gegenwärtig das Suchinstrument "Die Welt der Karten" aufgebaut.

Eine eigene Homepage *http://www.ethbib.ethz.ch/ks/* soll im Weiteren die Kartensammlung vorstellen, über Dienstleistungen orientieren und den Einstieg in den elektronischen Bibliothekskatalog zur Recherche von eigenen Kartenbeständen ermöglichen.

Ebene 3: Digitale Karten ab Bibliotheksserver

Auf einem Server der Bibliothek sind möglichst bald Produkte digitaler Karten zu installieren, welche von allgemeinem Interesse sind und damit über das Intranet an jeder PC-Station genutzt werden können (Beispiele: Bertelsmann Weltatlas, Geo-Name (Ortsregister), City maps Europa.

Ebene 4: Digitale Karten aus Geographischen Informationssystemen

Nur die neuesten und schnellsten PCs erlauben eine sinnvolle Nutzung räumlicher Daten aus Geographischen Informationssystemen. Zusätzlich wird zur Visualisierung und Editierung eine GIS-Software benötigt. Für umfangreiche GIS-Daten wird eine Workstation und ein Kleinserver eingesetzt.

Ebene 5: Virtueller Globus mit multimedialer Oberfläche

Noch weitergehend ist die Idee, alle räumlichen Daten verschiedener Themen weltweit auf der einheitlichen Oberfläche eines 'virtuellen Globus' mit multimedialer Oberfläche aufzubauen und über ein Hochgeschwindigkeitsnetz weltweit anzubieten. Die Realisierung dieser Ebene dürfte aber noch einige Zeit in Anspruch nehmen.

2. Die Wahl der kartographischen Software

Durch mehrfache Besuchen von Messen und Fachstellen, sowie dem Studium von Fachliteratur kristallisiert sich ein Anforderungsprofil für unsere Bedürfnisse heraus. Im Gegensatz zu den Karten produzierenden Institutionen benötigt eine Kartenbibliothek nicht eine komplexe Software mit möglichst vielen Funktionen, sondern eine benützungsfreundliche Software, mit welcher möglichst viele verschiedene Produkte erschlossen werden können. Der Entscheid fällt auf die folgenden drei Produkte:

- Adobe Photoshop dient als Unterstützungssoftware für Rasterkarten und für die graphische Bearbeitung gescannter Karten.

- Adobe Illustrator wird eingesetzt für die Unterstützung von Raster- und Vektorkarten.

- ArcView GIS (von der Firma ESRI) ist die universelle Unterstützungssoftware für GIS-Daten und anspruchsvolle CD-Produkte, wie beispielsweise das für Kartensammlungen wichtige GIS-Produkt „Digital Chart of the World“. Im Weiteren erlaubt ArcView den Zugriff auf die Daten der „Standard-Software" für Kartographen, ArcInfo und die weltweit verbreiteten Geo-Applikationen im Arc-Format. Die Kartensammlung der Library of Congress stellt ihren Kunden ArcView-Stationen und sogar einige ArcInfo-Stationen zur Verfügung. Die Software erfordert von den Benützern ein nicht unerhebliches Vorwissen. Der Betrieb von ArcView soll daher durch zwei ausgebildete Leute aus der Kartensammlung und der EDV-Abteilung gewährleistet werden.

3. Die Hardware-Ausrüstung

Digitale Karten benötigen eine Hochleistungs-Hardware. In diesem Bereich darf nicht gespart werden, da sonst Schwierigkeiten vorprogrammiert sind und viele Produkte nicht funktionieren. PC-Geräte, auf denen die Graphiksoftware und die GIS-Produkte problemlos laufen müssen, sollten gewisse Mindestanforderungen erfüllen. Bei der Anschaffung 1997 weisen unsere PC-Geräte die folgenden Eigenschaften auf:

- Prozessor: Pentium II 233 MHz, Festplatte: 4 GB, Arbeitsspeicher: 64 MB RAM
- 21 Zoll Bildschirme
- Gute Grafikkarte, 4 MB Video-RAM, Soundkarte, schnelles CD-ROM Laufwerk

Als periphere Hardware stehen ein A3-Schwarzweissdrucker und ein A3-Laser-Farbdrucker zur Verfügung. Der A3-Scanner wird zur Zeit zentral für die ganze Bibliothek eingesetzt.

C. Die Realisierung der digitalen Angebote (1998)

Nach drei Jahren intensiven Aufbaus ist Mitte 1998 eine erste Etappe erreicht: Die Kartensammlung bietet nun neben dem traditionellen, meist gedruckten Kartenmaterial gleich eine ganze Palette digitaler Karten an. Der parallele Aufbau verschiedener Bereiche war möglich dank der Delegation der Projekte an mehrere kompetente Mitarbeiterinnen und Mitarbeiter der Kartensammlung.

Am 27. November 1998, 12-21 Uhr, lädt die Kartensammlung der ETH-Bibliothek zu einem Informationstag "Digitale Karten" ein, wo die neuen Angebote mit Demonstrationen und Eigenversuchen am PC kennengelernt werden können:

- CD-ROM-Produkte auf 3 lokalen PC-Stationen
- Geographische Informationssysteme (GIS)
- Das Internet-Suchinstrument „Die Welt der Karten“
- Eine umfassende „Virtual Library Eduard Imhof" im Internet
- Der "Interaktive Atlas der Schweiz" auf einer PowerMac-Station
- Erste elektronische Übersichtsnetze von Kartenwerken
- Das Dateninventar SIK-GIS als Informationsinstrument über GIS-Daten der Schweiz

1. CD-ROM-Produkte

Auf rund 60 CD-ROM werden die verschiedensten Themen angeboten: Landes- und Weltatlanten, topographische Karten, Stadtpläne, Straßenatlanten, thematische Datenbanken wie die Weltklimadatenbank, Satellitenbilder und geographische Namenregister. Das CD-ROM-Angebot kann in einer Web-Seite der Kartensammlung eingesehen werden.

2. GIS-Produkte

Immer öfter gehen die Kundenwünsche in Richtung einer Nutzung von GIS-Daten aus Datenbanken. Diese Raumdaten werden heute zunehmend für Analysen verschiedenster Art genutzt. Die Arbeit mit GIS-Daten erfolgt in unserer Sammlung in der Regel mit der Software ArcView. Es stehen dafür drei spezielle hochgerüstete Stationen zur Verfügung. Die Benutzerinnen und Benutzer haben das Rüstzeug für diese Arbeit selber mitzubringen. Ende 1998 werden angeboten:

- Welt: DCW (Digital Chart of the World)
- Deutschland: Daten zur Bodenbedeckung
- Europa: Mountain High Maps
- EU: Eurostat-Regiomap
- Schweiz: CH-Atlas, Digitale Landeskarte 1:1.000.000

Dieser Bereich soll weiter ausgebaut werden, zunächst mit Daten aus der Datenbank GEOSTAT des Bundesamtes für Statistik, wie beispielsweise digitale geologische und geotektonische Karten, Daten zur Bodenbedeckung, rote Listen der Natur- und Landschaftsschutzbereiche, Bevölkerungsstatistiken. Danach ist ein Ausbau mit weltweiten GIS-Daten geplant.

3. Interaktiver Atlas der Schweiz

Eines der interessantesten Projekte im Bereich der digitalen Nationalatlanten dürfte der vom Kartographischen Institut der ETH entwickelte "Interaktive Atlas der Schweiz" sein. Mit neuen Ideen der Darstellung thematischer Karten und vor allen mit 3D-Darstellungen des Reliefs und von Panorama-Ansichten mit der Möglichkeit, diese nach Richtung, Höhe und Lichteinfall zu verändern, erhielt das Projekt am Internationalen Kartographiekongress in Stockholm viel Beifall. Als eine der ersten Stellen kann die ETH-Kartensammlung den Kunden diesen Atlas zur Verfügung stellen.

4. Auffinden von Karten im Internet

Die schweizerische Homepage unter dem Titel „Die Welt der Karten – The World of Maps" *(http://www.maps.ethz.ch)* ist ein effizientes Instrument zur weltweiten Suche nach Karten und Raumdaten im Internet. Mit einer umfassenden Abdeckung auch anderer Bereiche des Kartenwesens (wie Kartensammlungen und -archive, Kartenbibliothekswesen, Kartenproduzenten) dürfte sie bereits heute zu einer interessanten Web-Adresse im Kartenbereich zählen. Die ETH-Kartensammlung trägt die Verantwortung für die Betreuung und den Weiterausbau in deutscher und englischer Sprache.

5. Das Digitalisieren von Eigenbeständen und das Projekt „Virtual Library Eduard Imhof"

Eine weitere interessante Möglichkeit ist das Digitalisieren von gedruckten Karten eigener Bestände. Sie verfolgt verschiedene Ziele:

- Sicherheitskopie von gedruckten Kartendokumenten
- Kartendokumente als thematische CD-ROM
- Kartendokumente für die Bilddatenbank der Bibliothek
- Dokumente als eigene Web-Seiten im Internet
- Bildinformation zu den textlichen Katalogeinträgen im Bibliothekskatalog

Das erste realisierte Digitalisierungsprojekt ist die Erfassung der Originaldokumente des bekannten Kartographen Eduard Imhof. Mit der Verfilmung und Digitalisierung dieser Dokumente ist die Möglichkeit eröffnet, die Dokumente im Internet als virtuelle Bibliothek darzustellen. In Zusammenarbeit mit Frau Viola Imhof, der Witwe des Kartographen, wird das interessante Produkt „Virtual Library Eduard Imhof – Künstler und Kartograph" erarbeitet *(http://www.maps.ethz.ch/imhof.html)*. In über hundert eindrücklichen Bildern wird das Gesamtwerk Imhofs präsentiert, ergänzt mit biographischen Informationen, Literaturnachweisen und den Bestandesangaben über die Originale.

6. Elektronische Übersichtsnetze

Die digitale Karte kann aber auch im Bereich des Kartenbibliothekswesens sinnvoll eingesetzt werden: als Bild-Information über Karten im Bibliothekskatalog oder als elektronische Indexblätter zum graphischen Nachweis von Kartenwerksblattschnitten und -beständen auf dem Bildschirm.

Die Lokalisierung des gewünschten Kartenblattes eines Kartenwerkes erfolgt seit jeher über eine graphische Übersichtskarte. Doch erst seit dem Fortschritt der Computertechnologie in den letzten Jahren ist es möglich geworden, solche Abfragen auch über den Bildschirm machen zu können und Karten über einen "graphischen Katalog" zu finden. Ein erster Schritt in diese Richtung ist der Einsatz elektronischer Übersichtsnetze von Kartenwerken, wie sie beispielsweise von Joachim Lamatsch aus Freiburg i.Br. entwickelt werden. Die ETH-Kartensammlung deckt heute den gesamten Europabereich mit diesen elektronischen Übersichtsnetzen ab. Neben der Kundeninformation dienen diese Netze auch als Instrument der Bestandeskontrolle der Kartenwerke. Neue Kartenblätter können mit Mausklick ins Indexblatt eingetragen werden. Es ist geplant, im Bibliothekssystem die Titelaufnahme des Gesamtwerkes durch Hyperlink mit dem entsprechenden Indexblatt zu verbinden und so aus dem Bibliothekskatalog abrufbar zu machen.

Zusammenfassung

Raumdaten - Informationen über unsern Lebensraum Erde - sind zu wichtigen Informationsträgern unserer Zeit geworden. Mit "Geographischen Informationssystemen" können nun dank der Computertechnologie die unzähligen Informationen über unsere Erdoberfläche bildlich dargestellt und für Analysen und praktische Anwendungen nutzbar gemacht werden. Wichtiges Mittel für die Visualisierung ist die elektronische oder digitale Karte. Einige wissenschaftliche Kartensammlungen bieten Ende 1998 bereits eine Palette digitaler Karteninformation an: CD-ROM- und GIS-Produkte, Internet-Suchinstrumente, elektronische Übersichtsnetze und Metadatenbanken für Raumdaten sind für das Kartenbibliothekswesen ein erster Einstieg in den neuen Informationsbereich der elektronischen Karten.

C. CD-ROM-Produkte in Kartensammlungen

CD-ROM-Produkte in der Kartenabteilung der Staatsbibliothek zu Berlin

Lothar Zögner

Kartographische Daten und raumbezogene Informationen in Form der neuen digitalen Medien als CD-ROM, Disketten u.a. verstärken die charakteristische Medienvielfalt von Kartensammlungen und erweitern zugleich auch die inhaltlichen Möglichkeiten. Die Verknüpfung zu Forschungs- und Wissensgebieten über die traditionellen Erd- und Geowissenschaften hinaus wird enger, dies betrifft beispielsweise Fragen der Umwelt- und Ökostrukturen ebenso wie raumbezogene Planungs- und Entwicklungsprobleme.

Das aktuelle Angebot der Kartensammlungen wird zukünftig wesentlich von CD-ROM-Produkten mitgeprägt. Digitale Daten der topographischen Kartenwerke, interaktive und multimediale Atlanten, geographische Datenbanken und GIS-Programme können die Serviceleistung der Kartensammlungen verbessern und sie für neue Nutzerkreise erschließen.

Begleitet werden muß dieses Angebot allerdings von einer ausreichenden Geräteausstattung, ohne die eine gezielte Nutzung der Spezialprodukte nicht möglich ist, sowie von der Kompetenz der Kartenkuratoren, um speziell die GIS-Programme für die Nutzung auszuwerten.

In der Jahresstatistik der Kartenabteilung der Staatsbibliothek Berlin sind 1994 die ersten CD-ROM-Titel ausgewiesen. Es handelt sich um zwei Produkte, die 1993 im Rahmen der Internationalen Kartenausstellung der ICA in Köln erstmals öffentlich vorgestellt worden waren: der Atlas von Argentinien, einer der ersten elektronischen Nationalatlanten, und die elektronische Generalkarte des Verlags Mair, ein frühes Beispiel für die Sparte Straßenkarten, Routenplaner, touristische Karten.

Im Jahr 2000 führt die Statistik der Kartenabteilung bereits insgesamt 500 CD-ROM-Produkte auf. Diese Zahl umfaßt allerdings auch das allgemeine Referenzmaterial, wie Kataloge, Bibliographien, Ortsnamenverzeichnisse, Dokumentationen, Darstellungen aus dem Bereich Kartographie und Geomatik.

Mit der Ausweitung des Angebots und einer wachsenden Vielfalt der CD-ROM-Produkte bildet sich entsprechend ein inhaltliches Profil des Medienbestandes heraus. Einen Schwerpunkt in der gegenwärtigen Sammlung der Kartenabteilung ergeben Titel aus den Vereinigen Staaten von Amerika, vornehmlich von USGS (United

States Geological Survey), NOAA (National Oceanic and Atmospheric Administration), NGDC(National Geophysical Data Center). Die Aufmerksamkeit gilt besonders auch dem behördlich-institutionellen Material. Für Produkte des Auslandes sowie spezialisierte - und häufig auch teure - Programme soll ein umfassendes Angebot an einem zentralen Standort gewährleistet werden. Der vergleichsweise frühe Beginn der Sammeltätigkeit ist die Grundlage, die Abfolge der Versionen zu archivieren, um auch bei diesen Medien die Entwicklung dokumentieren zu können.

Zu dem Angebot im Lesesaal soll zunächst das allgemeine Referenzmaterial gehören (s.o.). Des weiteren wird eine Auswahl von CD-ROMs mit Weltatlanten, wichtigen Regionalkarten und Infomaterial wie Stadtpläne, Straßenkarten u.ä. zur Verfügung stehen. Aber auch spezielle thematische Produkte, wie weltweite Klima- und Wetterdaten, gehören zum direkt abrufbaren Lesesaalangebot. Die übrigen CD-ROM-Produkte werden - wie auch sonstige Kartographische Materialien - dem Nutzer nach Bedarf bereitgestellt. Mit gezielter Nachfrage verhindert man ungerichtete überlange Nutzungszeiten und kann mit Beratung und fachlicher Betreuung besser begleiten.

Über das aktuelle Angebot der Kartenabteilung informiert die Webseite *http://www.karten.sbb.spk-berlin.de/cdrom/index.html*. Einen Auszug aus dem Gesamtbestand gibt die nachfolgende Liste.

Digitale kartographische Daten auf CD-ROM, Disketten, DVD-ROM im Bestand der Kartenabteilung/ Staatsbibliothek (Stand 2000; Auswahl)

WELT

bhv-3-D-Sat-Weltatlas
Encarta: World Atlas
DeLorme Global Explorer : world atlas
Der große Weltatlas : unsere Erde multimedial. (Verl. Rossipaul)
Times World Map and Data Base : Multimedia Atlas (Bartholomew/Times)
Großer Atlas der Welt 1:4.000.000 (RV-Verlag)
Planet Erde : Weltatlas, Länderlexikon, geographische Enzyklopädie (Bertelsmann)
Großer Atlas der Welt 1:4.000.000 (RV-Verlag)
Digital Chart of the World (DCW) 3D Talking Globe (No What Software)
Digital Chart of the World (DCW) in ARC/INFO Format
Großer Atlas der Welt 1:4.000.000 (RV-Verlag)
Vector map level 0 : Updated version of NIMA's Digital Chart of the World

Map Art: world cartographic data bank
Map Art : Maps for Graphic Design
Terra Forma. Digital Database of Raster and Vector maps of the World (globe view and areas)
Global Relief Data : from NGDC
Prototype data for Globe. Global land one-km base elevation
Digital soil map of the world and derived soil properties (FAO)
World Climate Disc.
Global tropical, extratropical cyclone climatic atlas
NOAA Global View
- Coastal change analysis project (Chesapeake Bay Region).
- Global ecosystems database.
- Experimental calibrated global vegetation index from NOAA's AVHRR.
- Terrain base worldwide digital terrain data.
NOAA Weather Charts
- Chart Series A: Surface and upper air weather charts
- Chart Series B: Initial analysis and forecast charts
- Chart Series C: Tropical strip/precipitation and observed weather charts
Summary terrane, mineral deposit, and metalloginec belt maps of the Russian Far East, Alaska, and the Canadian Cordillera
GEBCO Digital Atlas : general bathymetric chart of the oceans
World Ocean Database 1998

EUROPA

Reiseplaner Deutschland und Europa
City Guide Europa
Atlas en réseau des espaces méditerranéens multimedia
Centennia : ein dynamischer Geschichtsatlas; Europa und der Mittlere Osten von 1000 bis heute
Atlas electrònic de Catalunya
Danmark 1:100.000 : topografisk Atlas
Geological map of Greenland 1:500.000
CD-atlas de France
Atlas of Great Britain 1:250.000/1:625.000
Greater London street atlas
Atlante socioeconomica della regione insubrica
Nordicmaps : Danmark, Sverige, Island, Finland, Norge
Sveriges Nationalatlas
Satelliten-Atlas, Edition Schweiz
Swiss Map 50 : Landeskarten 1:50.000
Swiss Map 100 : 1:100.000, 1: 1.000.000; Landeskarte der Schweiz

Swiss Tour Guide : Straßen- und Städteatlas (Verl. Kümmerly & Frey)
Atlas Hungaricus : 1520-1850 (Akademiai Kiado, Budapest, 1996)

DEUTSCHLAND

City-Guide Deutschland
Die Generalkarte: Deutschland; mit Ortsregister
Satelliten-Atlas, Edition Deutschland
D-SAT 2: Satellitenatlas für Deutschland
Nationalatlas Bundesrepublik Deutschland, 1997-
Ökobase: Umweltatlas
Umwelt-CD-ROM Boden, Abwasser, Abfall
Daten zur Bodenbedeckung für die Bundesrepublik Deutschland
Technologieatlas Deutschland
Bundesrepublik Deutschland Top 200 : amtl. topographische Karten 1:200 000; mit Übersichtskarten 1:500.000, 1:1 000.000

Baden-Württemberg: landschaftsökologischer Atlas
Baden-Württemberg Top 50 : amtl. topographische Karten 1:50.000; mit Übersichtskarten 1:200 000, 1:1 Mio
Standortatlas für die Region Neckar-Alb
Windstatistiken in Baden-Württemberg : interaktive Windrosenkarte; Luftreinhaltung, Klima
Bayern: ATKIS 500 : Vektordaten
Bayern Top 50 : amtl. topographische Karte 1:50.000
Geologie von Bayern : Geologische Karte von Bayern 1:500.000 mit Erläuterungen
Stadt-Informationssystem Nürnberg
Berlin: Bodenrichtwertatlas
Berlin: Umweltatlas
Karte von Berlin 1:5.000 : Rasterdaten
Karte von Berlin 1:10.000 : Rasterdaten
Brandenburg: Topographische Kartenwerke
Streifzüge mit topographischen Karten durch die Mark Brandenburg
Bremen: Stadtplan 1:20.000
Bodenrichtwertkarte von Hamburg
Umweltatlas Hamburg
Stadtkarte von Hamburg
Hessen Top 50 : amtl. topographische Karten 1:50.000; mit Übersichtskarten 1:200.000, 1:1 Mio
Großraumstadtatlas Rhein-Main: 1:20.000
Mecklenburg-Vorpommern Top 50 : amtl. topographische Karten 1:50.000; mit Übersichtskarten 1:200.000, 1:1 Mio

Niedersachsen: topographische Karte 1:100.000
Niedersachsen: Bodenkarte 1:5. 000 und Bodenübersichten
Stadtkarte Hannover
Niedersachsen/Bremen Top 50
Nordrhein-Westfalen TOP 50 : amtl. topographische Karten 1:50.000; mit Übersichtskarten 1:200.000, 1:1 Mio
Großraumstadtatlas Rhein-Ruhr-Wupper
Nordrhein-Westfalen: Schutzwürdige Böden - Oberflächennahe Rohstoffe
Rheinland-Pfalz und Saarland in digitalen Karten
Sachsen - digitale Karten
Sachsen-Anhalt Top 50 : amtl. topographische Karten 1:50.000
Schleswig-Holstein Top 50 : amtl. topographische Karten 1:50.000; mit Übersichtskarten 1:200.000, 1:1 Mio
Thüringen Top 50 : amtl. topographische Karten 1:50.000; mit Übersichtskarten 1:200.000, 1:1 Mio

AMERIKA

Map ′n′ Go (DeLorme) : travel planer for North America
Global geoscience transect 8
Quebec-Maine-Gulf of Maine transect, southeastern Canada, northeastern U.S.A.
Electronic Atlas of Quebec
DeLorme Street Atlas USA
DeLorme 3-D Explorer USA
Digital map data, text, and graphical images in support of the 1995 national assessment of United States oil and gas resources
Atlas of GLORIA sidescan-sonar imagery of the exclusive economic zone of the United States
C-MAN and buoy reports and summarized elements (Nat.Climatic Data Center)
Sea View : satellite imagery of the southeastern US coast
Sea-floor topographic, backscatter, and interpretative maps and bottom photos of the Massachusetts Bay disposal site region of Boston, Massachusetts
Digital representation of a map showing the thickness and character of quaternary sediments in the glaciated United States east of the Rocky Mountains
Ecological units of the eastern United States first approximation (ARC INFO format)
A geographic database for U.S. economy, technology and growth
Land View III : environmental mapping software
TIGER/Line 1995
TIGER/census tract street index
USA Counties : a statistical abstract suppl.
1:2.000.000-scale digital line graph data : conterminous United States and Hawaii

Volcanoes of the Alaska peninsula and Aleutian islands, Alaska
Southern Appalachian assessment (SAA) GIS data base
Great basin geoscience data base
Interactive display of geologic features and hazards of the Mono Basin, Long Valley Region, California
San Francisco, Coastal Change Analysis Program
Minnesota: Boundary waters, western Lake Superior, and Twin Cities
Minnesota: Digital orthophoto quadrangle data
Gravity data of Nevada
North Carolina: Digital orthophoto quadrangle data
Digital atlas of Oklahoma
Watershed boundaries and digital elevation model of Oklahoma
Coastal change analysis program : changes in land cover in the Columbia River estuary 1989-1992
Upper Texas coast
Olympic Peninsula, San Juan Islands, and Puget Sound
A topographic field trip of Washington, D.C. : for middle school students
Atlas de la República Argentina
Geology and mineral resource assessment of Costa Rica at 1:500.000 scale
Geology and mineral resource assessment of the Venezuelan Guayana shield at 1:500.000 scale

ASIEN

Map showing geology, oil and gas fields, and geologic provinces of the Arabian Peninsula
Map showing geology, oil and gas fields, and geologic provinces of South Asia
Magnetic anomaly map of East Asia 1:4.000.000 (Geological Survey of Japan)

AUSTRALIEN

Australia Unfolded: interactive atlas of Australia

WELTALL

Mission to the Moon. Clementine digital image model. NASA 1997
Mission to Venus: Magellan. Full-resolution radar mosaics. NASA 1994

CD-ROM-Produkte in der Kartensammlung der ETH Zürich

Hildegard Meyer-Schudel

CD-ROM-Produkte bilden wohl immer noch den zentralen Bestand digitaler Karten in einer Kartensammlung. Sie bedingen neben einer guten PC-Infrastruktur relativ viel Installations- und Betreuungsaufwand. Bei den Kunden sind sie in der Regel sehr beliebt, da sie zum Teil auch individuelles Arbeiten ermöglichen.

Die Angebote auf dem Markt liegen heute schwerpunktmässig auf den Themen Landes- und Weltatlanten, Stadtpläne, Straßenatlanten, touristische Produkte. Immer mehr werden aber auch die amtlichen topographischen Karten in dieser elektronischen Form erzeugt. So wird bereits das gesamte Gebiet der Bundesrepublik Deutschland im Maßstab 1:50.000 elektronisch angeboten. Auch andere Länder bieten solche Produkte an oder werden bald damit aufwarten. Den Kartensammlungen bietet sich damit in den Bereichen Topographie und Tourismus die Möglichkeit, ihre kartographische Informationen in gewissen Fällen statt in teurer gedruckter Form elektronisch anzubieten und damit viel Geld zu sparen.

Thematische Datenbanken (z.B. Meteonorm Klimadaten, World Climatic Disc, Wind and Waves, Eurostat-Regiomap, Mountain High Map, geographische Namenregister) sind dagegen in der Regel als zusätzliche kartographische Information zu werten, ohne Pendant in gedruckter Form. Sie sind daher für Kartensammlungen die wohl wichtigsten und interessantesten Produkte. Die Kehrseite der Medaille ist aber, dass diese CD-ROM-Dokumente meist sehr komplex sind, auf anspruchsvoller GIS-Software wie ArcView basieren und in der Benutzung oft hohe Anforderungen stellen. Auch machen sie bei der Installation auf dem PC oder dem Server oftmals Probleme.

1. CD-ROM-Angebote

In der Kartensammlung können gegenwärtig rund 150 CD-ROMs funktionsfähig angeboten werden. Eine Liste auf der Webseite *http://www.ethbib.ethz.ch/ks/cd-rom.html* gibt stets aktuell Auskunft. (Das Angebot anfangs 2001 ist im Anhang aufgeführt.)

2. Benutzung

Zur Nutzung von CD-ROM-Produkten stehen den Kunden der ETH-Kartensammlung zur Zeit drei PCs mit grossen 21-Zoll-Bildschirmen zur Verfügung. Die Benutzung erfolgt nach folgenden Regeln:

- Die Stationen dienen der Informationsbeschaffung für kartographische und geographische Fragestellungen.
- Die Hilfestellung durch das Personal ist zeitlich eingeschränkt möglich.
- Das Arbeiten an den Stationen ist auf jeweils 30 Minuten beschränkt. Bei vorheriger Anmeldung kann die Benutzungsdauer erhöht werden.
- Die Benutzung der CD-ROM sowie das Überspielen von Daten (downloading) auf DOS-formatierte Disketten ist kostenlos. Allfällige Lizenz- oder Copyright-Beschränkungen sind zu beachten. Formatierte Disketten müssen von den Kunden mitgebracht werden.
- Die Kosten für das Ausdrucken der Datensätze (records) betragen Fr. -.40 für eine Schwarzweiss-Kopie und Fr. 1.- für eine Farbkopie.
- Eine Ausleihe ist nur ausnahmsweise möglich: bei sehr komplexen Produkten, deren Nutzung mit grossem Zeitaufwand verbunden ist.

3. Technische Einrichtung

Die öffentliche CD-ROM-Nutzung von Karten und Raumdaten verlangt gut gerüstete PCs mit grossen Bildschirmen, diverse Unterstützungssoftware, Netzwerkverbindungen, eine sichere und abgesicherte Nutzungsebene für Kunden und eine periphere Ausrüstung für das Herunterladen, Drucken und Versenden von Dokumenten.

Für die **Hardware** wird folgendes empfohlen:

- 8 Giga-Festplattenspeicher und 256 MB RAM
- 1 CD-ROM-Laufwerk, besser noch 1 DVD-Laufwerk (Digital Versatile Disk)
- ZIP-Laufwerk (oder ähnliches) für grössere Dateimengen
- Soundkarte mit Tonabnahme über Kopfhörer

Die "**Unterstützungssoftware**" wird oftmals zur Unterstützung oder Weiterbearbeitung der CD-ROM benötigt. Die wichtigsten Softwareprogramme sind:

- Adobe Illustrator
- Adobe Photoshop
- ArcView für GIS-Datenbanken
- Microsoft Access, Exel, Word

4. Netzwerkverbindungen

Um eine campusweite Nutzung zu ermöglichen, werden wichtige CDs und GIS-Datenbanken auf dem CD-ROM-Server der Bibliothek eingerichtet. Bibliographien, Ortsregister, Weltatlanten und GIS-Daten können so von jedem Client aus über das Netzwerk aufgerufen werden.

5. Die lokale Installation für die Nutzung auf dem Kunden-PC

Die überwiegende Zahl der CD-ROM-Produkte wird auf lokaler Ebene in der Kartensammlung eingerichtet und benutzt. Aus praktischen Erfahrungen lassen sich die folgenden Empfehlungen ableiten:

- Das Einrichten auf dem PC erfordert zwei Benutzungsebenen. Auf der **Administrationsebene** werden die CDs installiert und verwaltet und der Zugriff zu den einzelnen Laufwerken wie CD-ROM, Disketten, ZIP etc. eingerichtet. Die **Publikumsebene** dient der Nutzung der CDs durch die Kunden. Sie muss einerseits alle notwendigen Funktionen gewährleisten und anderseits verunmöglichen, Einfluss in interne Bereiche zu nehmen.

- Aus Sicherheitsgründen werden die CD-ROM-Produkte nicht über anklickbare Icons, sondern über das Windows **"Startmenü"** geöffnet. Eine Länderliste erleichtert die Auswahl. Abweichende Wege werden auf der CD-Hülle beschrieben.

- Das **Abspeichern** von fertiggestellten Karten geschieht über die temporäre Benutzerdatei auf eine Diskette. Ist ein Abspeichern nicht möglich, wird der Ausschnitt auf dem Bildschirm mit Print Screen in ein Word-Dokument abgelegt.

- Das **Drucken** erfolgt direkt aus dem Produkt oder mit Print Screen. Als Standarddrucker ist der Farbdrucker vorgegeben.

- Das in der temporären Benutzerdatei abgespeicherte Dokument kann als **E-mail** über Netscape verschickt werden. Dabei ist die persönliche E-Mail-Adresse einzugeben.

- Beim Herunterladen, Ausdrucken und Exportieren von Daten hat der Enduser die **Urheberrechte** zu berücksichtigen.

Die CD-ROM-Angebote 2001

WELT

Digital chart of the world
Diercke Arbeitskarten Geographie
EnCarta Weltatlas (2000, 2001)
Die Erde 3D glasklar
Ertha Global Explorer
Geothek Weltatlas
Global Explorer
Der grosse Weltatlas (Rossipaul)
Großer Atlas der Welt 1:4.000.000
The Image of the World (History)
Klimadiagramme
Meteonorm Klimadaten
PC-Atlas
Terra Forma (5 CDs)
World Climatic Disc

AMERIKA

Map'n'Go: USA, Southern Canada
Street atlas USA
US by states (4 CDs)

EUROPA

AutoRouteExpress Europa
Centennia Geschichtsatlas Europa / Nahost
Diercke Daten Dienst
Europäische Union
Mountain High Map Europa
Route Europe
Route Österreich Schweiz

Dänemark

Det levende Danmarkskort

Deutschland

Atlas Bundesrepublik Deutschland
Daten zur Bodenbedeckung der BRD
Daten zur Bodenentwicklung: Neue Länder
Deutsche Bahn: Digit.Übersichtskarte
Landkartendatenbank: Histor. Karten
Routenplaner Deutschland
TOP 200 (Top. Karten 1:200.000)
Baden-Württemberg: GISCAD CD- Atlas 25
Baden-Württemberg: Landschaftsökologischer Atlas
Baden-Württemberg: TOP50/100/200
Bayern: TOP50 Top. Karte 1:50.000
Berlin: Großraum-Stadtatlas Berlin
Berlin: Luftbildkarte Berlin-Mitte
Brandenburg + Berlin TOP50
Hamburg: Stadtkarte
Hessen: TOP50
Mecklenburg-Vorpommern: TOP50
Niedersachsen/Bremen: TOP50
Niedersachsen 1:100.000
Nordrhein-Westfalen TOP50
Rhein/Ruhr/Wupper: Stadtpläne
Rheinland-Pfalz: TOP50
Sachsen: TOP50
Sachsen: Digitale Karten
Sachsen-Anhalt: TOP50
Schleswig-Holstein+Hamburg: TOP50
Stuttgart: Großraumatlas
Thüringen: TOP50

Frankreich

France: Visual Map

Großbritannien

Atlas of Great Britain 1.250.000
Map catalogue British Library

Niederlande

Limburgse steden

Österreich

Austrian Map: Österreich Ost
Austrian Map: Österreich West
Route Österreich Schweiz

Schweiz

Atlas der Schweiz
CH-Atlas 2000, CH-Atlas 4.0
Grenzkarten Schweiz
GIS-Daten Schweiz:
Gewässer, Landschaft, Natur
Helveticus City (Ostschweiz)
Helveticus 99, 98 (Satellitenkarten)
Hochtouren im Wallis (SAC)
Kantone und Städte der Schweiz:
Statistiken
Luftfotografie der Schweiz
Ortspläne Schweiz (Swiss Info)

Ortspläne Schweiz (TwixTel)
Ortsregister Landeskarten d. Schweiz
Road - der Schweizer Routenplaner
Route Österreich, Schweiz
Satelliten Atlas Schweiz
SIK-GIS Dateninventar
(Metadaten digitaler Raumdaten)
Sozioökonomischer Strukturatlas
Swiss Map 50 Landeskarten 1:50.000
Swiss Map 1:100.000 + 1:1 Mio.
Swiss Tour Guide
Szenarien Bevölkerungsentwicklung
Top Map (Helveticus 99)

WELTALL

Planeten
Sonne

Nachwort (2003)

Mittlerweilen ist der Bestand an CD-ROMs in der Kartensammlung auf ca. 500 angewachsen. Alte Kartendokumente sind digitalisiert worden und werden den Benutzern als jpg-Dateien auf CD-ROM angeboten.
Und die Systemanforderungen an das Produkt CD hat sich erhöht. Der Festplattenspeicher ist auf 40 Giga und der Arbeitspeicher auf 512 RAM angewachen.
Aus Sicherheits- und Lizenzgründen müssen wir auf das Angebot „E-mail-Versand" absehen. Wir bieten auf allen Stationen ein Zip-Laufwerk (250 Mega) an.

Die Nutzung von GIS-Produkten in der Kartensammlung

Jürg Bühler

GIS-Daten

Alle Informationen, die sich auf einen geographischen Raum beziehen und damit in einer Datenbank eine "räumliche Adressierung" besitzen, können mit Hilfe eines kartographischen Computerprogramms als zweidimensionale oder dreidimensionale Karte dargestellt werden.
Als Datenbanken werden dafür die Geographischen Informationssysteme (GIS) benutzt, deren Besonderheit die Aufbewahrung und Erschliessung von räumlich orientierten Informationen ist. Diese Datenbanken werden von Anbietern erworben oder können über offene Datennetze, wie das Internet, genutzt werden.

Ausrüstung

Nur die neuesten und schnellsten PCs erlauben eine sinnvolle Nutzung räumlicher Daten aus Geographischen Informationssystemen. Zusätzlich wird zur Visualisierung und Editierung eine GIS-Software benötigt. In unserer Kartensammlung fiel die Wahl auf die GIS-Software ArcView der Firma ESRI, da diese die Daten aus ArcInfo, der meistverwendeten Software für die Kartenproduktion, schnittstellenlos erschließen kann. Damit können weltweit zahlreiche GIS-Applikationen genutzt werden. ArcView kann von den Nutzern verwendet werden, um Raumdaten aus Datenbanken kartographisch zu visualisieren oder um aus diesen Daten Analyseresultate zu gewinnen. Die Software dient aber auch der Unterstützung von GIS-Produkten auf CD-ROM, wie die "Digital Chart of the World" oder die "World Climate Disk".

Arbeiten mit GIS

Das Arbeiten mit GIS-Daten und ArcView erfordert ein vertieftes Wissen in Informatik und Computerkartographie. Da die Kartenbibliothekare hier nur Hilfestellung geben können, müssen die Kunden dieses Wissen weitgehend selber mitbringen.
In der Kartensammlung steht den Benutzern eine speziell für GIS-Arbeiten eingerichtete PC-Station zur Verfügung. Sie ist abseits des öffentlichen Raumes in einem Büro untergebracht und erlaubt damit ein länger dauerndes, ungestörtes Arbeiten.

GIS-Produkte in der Kartensammlung

Die meisten GIS-Produkte werden in CD-ROM-Form angeboten. Gegenwärtig stehen als wichtigste Daten zur Verfügung:

- Digital Chart of the World
- World Climate
- Klimadiagramme
- Meteonorm Klimadaten
- Mountain High Map Europa
- Daten zur Bodenbedeckung der BRD
- Landschaftsökologischer Atlas Baden-Württemberg
- GIS-Daten Schweiz: Gewässernetz, Landschaft, Natur
- Kantone und Städte der Schweiz: Statistiken
- Übersichtskarte der Schweiz 1:1.000.000

Eine für uns wichtige GIS-Datenbank ist GIS-GEOSTAT aus dem Bundesamt für Statistik. Hier laufen schweizweit alle Raumdaten der öffentlichen Stellen zusammen und stehen der Öffentlichkeit zur Verfügung. An der GIS-Station der Kartensammlung können ab CD-ROM die folgenden Daten genutzt werden:

Vektorformat:

Generalisierte Gemeinde-, Bezirks- und Kantonsgrenzen der Schweiz 1:350.000
Generalisierte Gemeinde-, Bezirks- und Kantonsgrenzen der Schweiz 1:1.000.000
Quartiergrenzen von 14 Schweizer Städten
Generalisierte Gewässer der Schweiz
Rutschungen und Sackungsgebiete
Schweizer Seen
Gewässernetz
Bundesinventar der Landschaften und Naturdenkmäler (BLN)

Pixelformat:

Vereinfachte Bodennutzung der Schweiz
Höhenstufen der Schweiz
Schräglichtschattierung der Schweiz
Schräglichtschattierung mit 6 Bodennutzungsklassen der Schweiz
Klassierte Einwohnerzahlen 1990 pro ha

SIK-GIS-Dateninventar - eine Metadatenbank für GIS-Daten der Schweiz

SIK-GIS, die Arbeitsgruppe Geographische Informationssysteme innerhalb der Schweizerischen Informatikkonferenz, wurde 1990 in Leben gerufen, mit dem Ziel einen Metadatenkatalog für GIS-Daten der schweizerischen Bundesämter und der Kantone aufzubauen. 17 der 26 Kantone der Schweiz arbeiteten mit den Bundesstellen zusammen und erstellten bis Ende 1997 600 Datensätze. Die erste Version des viersprachigen Inventarprogrammes basierte noch auf dem DOS-Betriebssystem, um einem möglichst breiten Benutzerkreis den Zugang offenzuhalten.

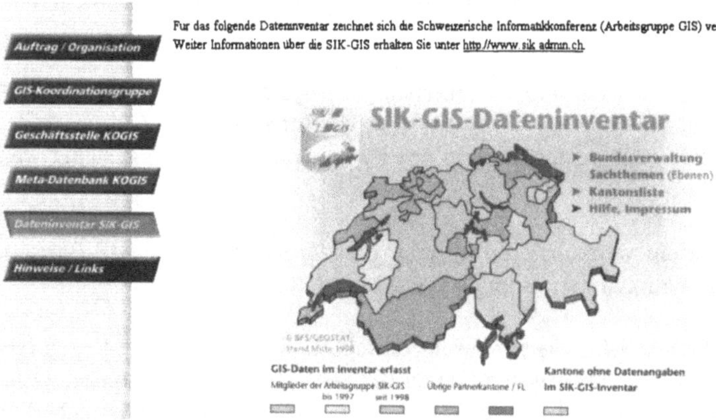

Die Internet basierte neue Version wurde anfangs 2000 ins Netz gestellt. Sie ist zu finden unter der WWW-Adresse *http://www.kogis.ch/sikgis_d.htm.*

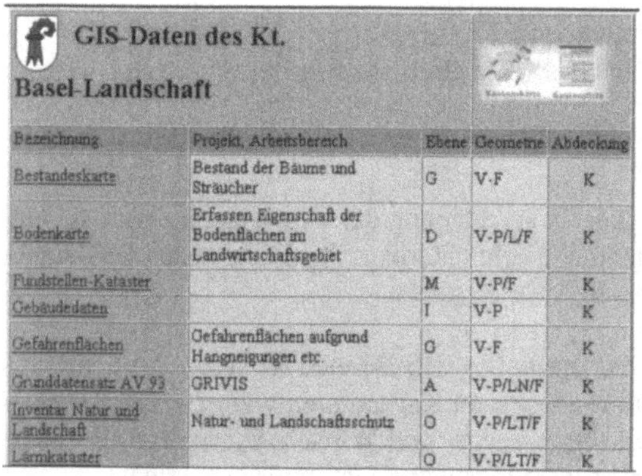

GIS-Daten des Kt.
Basel-Landschaft

Bezeichnung	Projekt, Arbeitsbereich	Ebene	Geometrie	Abdeckung
Bestandeskarte	Bestand der Bäume und Sträucher	G	V-F	K
Bodenkarte	Erfassen Eigenschaft der Bodenflachen im Landwirtschaftsgebiet	D	V-P/L/F	K
Fundstellen-Kataster		M	V-P/F	K
Gebäudedaten		I	V-P	K
Gefahrenflächen	Gefahrenflächen aufgrund Hangneigungen etc.	G	V-F	K
Grunddatensatz AV 93	GRIVIS	A	V-P/LN/F	K
Inventar Natur und Landschaft	Natur- und Landschaftsschutz	O	V-P/LT/F	K
Lärmkataster		O	V-P/LT/F	K

Der Einstieg in den Katalog erfolgt über die Institutionen (Bund, Kantone) oder über Themenbereiche (Arealstatistik, Geologie etc.).

Neue Entwicklungen im GIS-Bereich

Die zukünftige GIS-Nutzung, einschließlich der Analysen, bewegt sich weg vom abgeschlossenen GIS-System, hin zur Internet-Technologie mit einem Geo-Server, einem Browser mit GIS-Funktionen und einer Oracle-Datenbank. Die grossen monolithischen Systeme werden in einzelne kleinere Systeme zerlegt, die zusammenwirken und gemeinsam genutzt werden können. Die einzelnen Systeme können dank Internet-Technologie sogar örtlich an verschiedenen Orten sein und von verschiedenen Teams betreut werden. Verschiedene Bausteine (Acess-Datenbank, Graphik-Ebenen etc.) können kombiniert werden. Daten sind Themen bezogen auf verschiedenen Servern abzulegen (z.B. Vektorkarten, Rasterkarten, Orthophotos, Bilder, Umweltdaten etc.).

Während die Erfassung weiterhin in örtlichen GIS-Systemen mit Work Stations stattfindet, geschieht die Nutzung der Daten über das Internet. Der Zugang zu den Daten kann kostenlos oder kostenpflichtig mit Benutzeridentifikation gestaltet werden.

Um diese Entwicklung zu realisieren ist eine Standardisierung des GIS-Bereichs notwendig und international bereits im Gange.

Eine der offenen Fragen ist weiterhin der Datenschutz. Rechtliche Grundlagen fehlen noch weitgehend. Gegenwärtig wird daher das Gewicht eher auf technische Einrichtungen (Firewall, Benutzerdefinition etc.) gelegt. Für die Übertragungssicherheit sind bereits hinreichende Verschlüsselungstechniken vorhanden.

Als Geodaten-Informationssysteme im WWW dienen beispielsweise:
- AutoCAD-Map für Erfassung und Datenpflege,
- Autodesk World TM für Modellieren und Analyse
- Autodesk Map Guide Site oder GeoMedia Web Map für Auskunft und Visualisierung
- Oracle als Datenbank

Für Kartensammlungen bedeutet diese Verschiebung der GIS-Nutzung auf eine einheitliche Internet-Ebene eine wesentliche Erleichterung. Sie dürfte neuen GIS-Angeboten in der Kartenbibliothek grossen Auftrieb geben.

Deutet man die Zeichen der Zeit, so dürfte der GIS-Bereich wohl zu einem wich-tigen Baustein digitaler Information in modernen Kartensammlungen werden. Geoinformation wird heute für praktisch alle Wissens- und Wirtschaftsbereiche als Orientierungs-, Analyse-, Werbe- und Entscheidungsinstrument immer wichtiger.

Gelingt es, den Kunden diese GIS-Information mit kompetentem Wissen und einer guten GIS-Infrastruktur in Form von Daten, Software und Arbeitsplätzen anzubieten, dürfte dies die Bedeutung der Kartenbibliotheken entscheidend heben und sie auch weiterhin als unentbehrlich erscheinen lassen. Die Vermittlung von digitaler Geoinformation könnte sich als *der* Zukunftsbereich für die wissenschaftliche Kartensammlunng erweisen!

D. Digitalisierung und digitale Präsentation von Kartenbeständen

Verfilmung und Digitalisierung der Sammlung Ryhiner

Thomas Klöti

Die Sammlung

Der Berner Staatsmann und Geograph Johann Friedrich von Ryhiner (1732–1803) stellte um 1800 eine weltweite, nach wissenschaftlichen Kriterien aufgebaute geographische Sammlung zusammen, die zirka 16.000 Landkarten, Pläne und topographische Ansichten aus dem 16. bis frühen 19. Jahrhundert umfasst. Die Sammlung gelangte 1867 als Geschenk an die damalige Stadtbibliothek Bern und zählt heute zu den wertvollsten, privat angelegten Kartensammlungen des 18. Jahrhunderts.

Das Erschließungsprojekt

Zwischen 1994 und 1998 wurden die Bestände der Sammlung in einem viereinhalbjährigen Unternehmen erschlossen (http://www.stub.unibe.ch/stub/ryhiner). Das Projekt beinhaltete insbesondere bestandeserhaltende Massnahmen (Restaurierung, farbige Mikroverfilmung) sowie den Aufbau einer allgemein zugänglichen Datenbank. Die Inventarisierungsarbeit schloss an vergleichbare karto-bibliographische Projekte an, die in Deutschland gleichzeitig durchgeführt wurden. Aufgrund dieser bibliothekarischen, restauratorischen und wissenschaftlichen Erschließungsarbeiten ist der Forschung eine reichhaltige Quelle zugänglich gemacht worden.

Nutzung und Bestandessicherung

Mit dem Nachweis der Bestände in einer öffentlich zugänglichen Datenbank sowie der Präsentation der Sammlung im World Wide Web gingen wir davon aus, dass mit einer verstärkten Nutzung der Sammlung zu rechnen sei. Ein besonderes Gewicht wurde daher auf das Benutzungs- sowie auf das Konservierungs- bzw. Restaurierungskonzept gelegt. Mit der farbigen Mikroverfilmung verfolgten wir zwei Ziele: Im Hinblick auf den Kulturgüterschutz wurde eine Sicherheitskopie verfertigt, die im Kulturgüterschutzraum des Staatsarchivs des Kantons Bern aufbewahrt wird. Diese Kopie wurde vom Bundesamt für Zivilschutz subventioniert, da es sich um eine Maßnahme im Sinne des Kulturgüterschutzes handelt. Eine zweite Kopie dient als Arbeitskopie, die wir dem Benutzer anstelle der Originalkarten, Plänen und Ansichten zur Verfügung stellen. Für die Benutzung der Mikrofilme stellen wir einen Reader/Printer für schwarzweiss Kopien in den Formaten A4 und A3 sowie ein wei-

teres Mikrofilmlesegerät, die jeweils über eine Mattscheibe in der Grösse von A2 quer verfügen, bereit.
Bei der Suche nach einem geeigneten Mikrofilmverfahren liessen wir uns vom Staatsarchiv Bern beraten. Wir entschieden uns für das Filmmaterial Ilfochrome-Micrographic. Das gewählte Verfahren ist alterungsbeständig und erzielt eine Farbwiedergabe in höchster Qualität, wobei der Mikrofilm über einen enormen Informationsspeicher verfügt. Das Auflösungsvermögen des Films beträgt über 300 Linienpaare pro Millimeter (lp/mm), wobei in der Praxis, bedingt durch die Optik, 140–180 lp/mm erzielt werden. Der farbige Mikrofilm kann auch – als Zwischenoriginal – gescannt werden, womit durch dieses "hybride" Verfahren auch sämtliche Möglichkeiten der Weiterverwendung von digitalen Bildern offen stehen. Diese digitalen Bilder können dann zum Beispiel auf CDs gespeichert oder auf einem Server der Öffentlichkeit zugänglich gemacht werden.
Mit der Durchführung der Arbeiten war die Firma Gubler in Märstetten betraut, die auf dem Gebiet der Kulturgüterverfilmung eine grosse Erfahrung aufweist. Das Verfilmen erfolgte auf Kleinbild Rollfilmen, die anschließend in Jackets abgepackt wurden. Beim Verfilmen wurden ein Maßstab, ein Farb- und Graukeil sowie die Signatur mitbelichtet. Für den erforderlichen Transport der Bände liessen wir ein Spezialbehältnis aus Hartholz anfertigen, das stossfest, wasserdicht und feuerhemmend wirkt. Für den Transport von Kulturgütern ist eine derartige Schutzmaßnahme unabdingbar.

Digitalisierung

Bei der Budgetierung des Vorhabens gab es noch keine geeignete Lösung für die Digitalisierung von 16.000 Bildern im Bibliotheksbereich. Da auf diesem Gebiet eine rasante Entwicklung zu beobachten war und weiterhin zu beobachten ist, gingen wir von der Voraussetzung aus, dass eine Digitalisierung bereits während oder zumindest im Anschluss an das laufende Projekt aktuell werden könnte.
In einem ersten Schritt machten wir uns im Jahre 1994 mit den neuen Möglichkeiten vertraut. Anlässlich der Ausstellung "Raum in der Zeit" zeigten wir in einer Vitrine den Sammelatlas "Katalonien". Die dazugehörigen Mikrofilme projizierten wir mit einem Diaprojektor an die Wand. Dieselben Mikrofilme dienten zudem als Vorlage für eine Foto-CD, die gleichzeitig auf einem Monitor abgespielt wurde.
An der 9. Konferenz der Groupe des Cartothécaires de LIBER, die vom 26.–30.9.1994 an der ETH-Zürich in Zürich und Glarus zum Thema "Kartenbibliothekswesen im Wandel" durchgeführt wurde, konnte mit dem Referat von Martin Gubler und Thomas Klöti "Der farbige Mikrofilm: Zwischenoriginal für konventionelle und digitale Bildarchivierungssysteme" das Vorhaben erstmals der bibliothekarischen Fachwelt präsentiert werden. In der Poster-Session wurde auch die Foto-CD mit den Bildern des Sammelatlas "Katalonien" gezeigt.

Ein weiterer Schritt erfolgte am 2. Februar 1995. Dank des Einsatzes und der Fachkenntnisse der Projektmitarbeiterin Caroline Hablützel realisierten wir einen Webauftritt für die Sammlung Ryhiner. Der virtuelle Zugang im World Wide Web *(http://www.stub.unibe.ch/stub/ryhiner/ry-dt1.html)* erlaubte uns, die Sammlung sowie das Forschungsprojekt weltweit vorzustellen (siehe Abb. 1), wobei der Zugriff auf das Kernstück der Arbeit, die damals im Aufbau begriffene Datenbank, ermöglicht wurde.

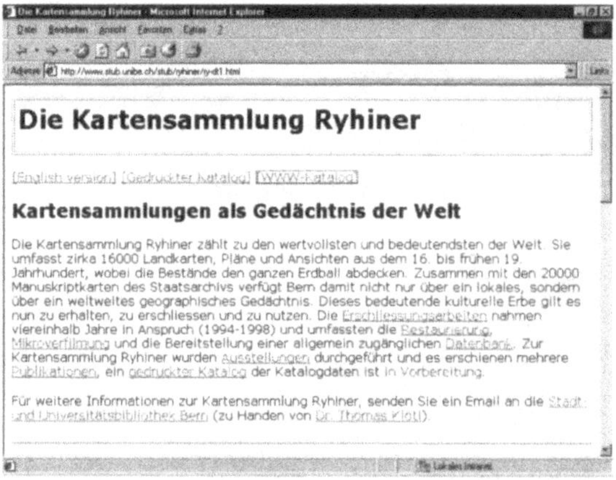

Abb. 1: Homepage der Kartensammlung Ryhiner

Für die textfreie Suche hinterlegten wir der verweis-sensitiven Graphik „Die Schweiz und ihre Kantone" Links auf die entsprechenden HTML-Seiten (Abb. 2).

Abb. 2: Verweis-sensitive Graphik „Die Schweiz und ihre Kantone" mit Links auf die entsprechenden HTML-Seiten

Die Bilanz nach einem Jahr im WWW sah denn auch bereits sehr erfolgsversprechend aus. Zwischen Dezember 1995 und März 1996 wurde zum Beispiel unsere deutsch- und englischsprachige Eröffnungsseite zirka 1000 mal monatlich angeklickt, eine Zugriffsrate, die in der Folge noch weiter stark anstieg.

Zusätzlich zu diesem, damals erst via Telnet zugänglichen Bibliothekskatalog wurde für einen Teilbestand der Sammlung eine webtaugliche Datenbank verwirklicht, wobei wir dazu die Software „BestWeb Intelligent Interface Builder“ verwendeten (Abb. 3).

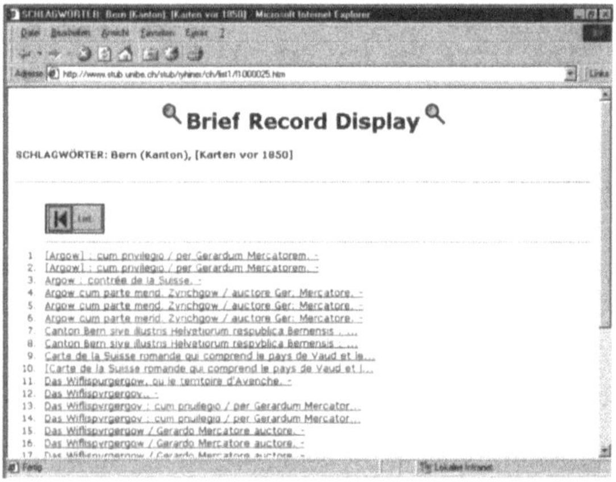

Abb. 3: Zusätzlich zum damals erst via Telnet zugänglichen Bibliothekskatalog entstand 1996 diese webtaugliche Datenbank für einen Teilbestand der Sammlung

Digitales Bildarchiv

Zur Präsentation der Sammlung im Internet gehörte bzw. gehört auch ein kleines, noch rudimentäres digitales Bildarchiv, mit dem wir Möglichkeiten aufzeigen sowie erste Erfahrungen gewinnen wollten. Dieses Angebot erwies sich bald einmal als der Spitzenreiter unseres Angebots.
Aufgrund der grossen Nachfrage erachteten wir weitere Schritte in diese Richtung als notwendig, wobei wir z. B. daran dachten, vorerst den Teilbestand mit den Schweizer Karten, Plänen und Ansichten in digitaler Form anzubieten. Da bei der Projektierung der Arbeiten eine derartige Entwicklung nicht voraussehbar war und damit auch nicht budgetiert werden konnte, standen uns für die erforderlichen Digitalisierungsarbeiten bisher keine finanziellen Mittel zur Verfügung. Daher wurde und wird auch weiterhin versucht, im Rahmen des geplanten Digitalisierungsprojekts der Stadt- und Universitätsbibliothek Bern ”Berner Kultur und Geschichte im Internet”, ein entsprechendes Teilprojekt in die Wege zu leiten. Die Abklärungen für

dieses Digitalisierungsprojekt sind inzwischen so weit fortgeschritten, dass das Scannen eines Teilbestandes der Sammlung Ryhiner ab den bestehenden Mikrofilmen allmählich in greifbare Nähe rückt.

Chancen und Anforderungen

Die angestrebte Digitalisierung bietet Chancen, sie ist aber auch mit hohen Anforderungen verbunden. Die Chancen bestehen sicher darin, dass durch die Verwendung von digitalen Bildern eine Sammlung intensiv genutzt werden kann, ohne dass der wertvolle Kartenbestand Schaden leidet. Das Scannen der Mikrofilme bzw. die Digitalisierung von alten Karten ist jedoch äusserst anspruchsvoll, da auch feinste Details (z. B. Kartenschrift, Signaturen) noch lesbar sein müssen, was der Komprimierung der Dateien Grenzen setzt. Ein digitales Kartenarchiv benötigt damit sehr viel Speicherplatz und ein Benutzer muss sich, zumindest im Internet, oft mit langen Wartezeiten für die Übertragung und für den Bildaufbau abfinden. Da die Computertechnik auf eine äusserst kurze Verwendungsdauer ausgerichtet ist, sind die gemachten Vorkehrungen zudem bald einmal veraltet. Die Bestandespflege für digitale Nischenprodukte aus dem Bereich der Bibliotheken und Museen kann für eine einzelne Institution sehr aufwändig werden, da insbesondere auch ein gewichtiges Problem bei der Langzeitsicherung digitaler Informationen zu orten ist. Trotz der Faszination, die den neuen Medien zur Zeit entgegengebracht wird, muss zuletzt gesagt werden, dass das digitale Abbild zwar die in den Karten steckende Information zu jeder beliebigen Zeit und an jedem beliebigen Ort vermitteln kann. Das Abbild kann jedoch die Ausstrahlung, ja die Faszination, die sich bei der Beschäftigung mit originalen und damit nur sehr eingeschränkt verfügbaren Kartenblättern einstellt (z. B. anlässlich einer Ausstellung oder Spezialführung), niemals ersetzen.

Das gewählte Vorgehen, vorerst als konservierende Maßnahme eine hochauflösende Mikroverfilmung der Sammlung durchzuführen, ist aus dem Rückblick als sinnvolle Entscheidung zu betrachten. Inzwischen ist die Technik jedoch weiter fortgeschritten und die Preise für Scans sind entsprechend gesunken. Heute müsste bei einer Mikroverfilmung auch das gleichzeitige Scannen in Erwägung gezogen werden. Da auch in Zukunft weitere Innovationen zu erwarten sind, wird es – unter dem Gesichtspunkt der in der Bibliothekswelt eher knapp vorhandenen Geldmittel – sicher zweckmässig sein, vorerst einen Teilbestand in die weiterführenden Digitalisierungsvorhaben ab den bestehenden Mikrofilmen einzubeziehen, um damit weitere Erfahrungen gewinnen zu können.

Nachtrag (2003)

Der Artikel vermittelt, wie der Buchtitel besagt, eine „Momentaufnahme" des Kartenbibliothekswesens aus dem Jahre 2001. Seither gingen die Arbeiten in der Stadt- und Universitätsbibliothek Bern im Hinblick auf die Sammlung Ryhiner weiter. Teile der Sammlung (Schweiz, Welt [Himmelskarten, Erdkarten], Amerika, Asien, Afrika, Australien, Biblische Geografie, Historische Karten, Titelblätter [Stand: Juni 2003]) sind bereits ab Mikrofilm durch die Firma Gubler Imaging in Märstetten gescannt worden und über den Webserver der StUB im Internet in einer Vorausschau und teilweise bereits in einer mittleren Auflösung zugänglich.

Auflösung	Format	Grösse	Verwendungszweck
400 Pixel	JPG	< 100 KB	Voransicht
1024 Pixel	JPG	< 1 MB	Arbeitskopie
4000 Pixel	JPG	Ca. 4 MB	Reproduktion
4000 Pixel	TIFF	Ca. 38 MB	Masterscan

Zur Zeit sind die Karten des Kontinents Europa sowie Teile der Niederlande in Arbeit. Damit steht demnächst bereits ca. ein Viertel des Bestandes digital zur Verfügung. Für weitergehende Anwendungen steht auf Anfrage auch der hochaufgelöste Masterscan (der auch einen Farb- und Graukeil umfasst) zur Verfügung.
Im Februar 2003 erschien zudem zum 200. Todesjahr des Berner Staatsmannes und Kartensammlers Johann Friedrich von Ryhiner (1732–1803) der vierbändige Katalog zur Sammlung Ryhiner, der 16.528 Katalognummern und 1.786 Druckseiten umfasst. Damit liegen die Resultate der zwischen 1994 und 1998 aufgebauten Datenbank nun auch in gedruckter Form vor:

Klöti, Thomas (2003): Sammlung Ryhiner – Karten, Pläne und Ansichten aus dem 16. bis 19. Jahrhundert = Ryhiner Collection – maps, plans and views from the 16th to the 19th century. 4 Bände. Bern, Stadt- und Universitätsbibliothek, 2003.

Literatur

BARTH, Robert (1994): Von der Tontafel zur elektronischen Datenbank. (Unipress 82, 1994, S. 4–11)

GUBLER, Martin und KLÖTI, Thomas (1995): Der farbige Mikrofilm. Zwischenoriginal für konventionelle und digitale Bildarchivierungssysteme. (NIKE-Bulletin, 2/1995, S. 7–9)

HABLÜTZEL, Caroline und KLÖTI, Thomas (1995): Die Ryhiner-Sammlung und das Internet. (Stubsnase, Hauszeitschrift der Stadt- und Universitätsbibliothek Bern, 1/1995, S. 3–7)

KLÖTI, Thomas (1994): Karten in der Stadt- und Universitätsbibliothek Bern – Die Kartensammlung des Berner Staatsmannes und Geographen Johann Friedrich von Ryhiner (1732–1803). Ausstellung vom 4. Februar bis 15. März 1994. Bern, Stadt- und Universitätsbibliothek, 1994. (Xerokopie.)

KLÖTI, Thomas (1995): Der virtuelle Atlas. Die Sammlung Ryhiner sowie weitere kartengeschichtlich interessante Anlegestellen im Internet. (Cartographica Helvetica 12, 1995, S. 45–47)

KLÖTI, Thomas, ÖHRLI, Markus, FELDMANN, Hans-Uli (Hrsg) (1998): Der Weltensammler. Eine aktuelle Sicht auf die 16 000 Landkarten des Johann Friedrich von Ryhiner (1732–1803). (Cartographica Helvetica, Sonderheft 15, 1998)

Das elektronische Kartenarchiv X an der Universitäts- und Landesbibliothek Sachsen-Anhalt

Jens-Peter Grell

Hintergrund

Im Herbst 1998 wurden an der Universitäts- und Landesbibliothek Sachsen-Anhalt (ULB) erste Überlegungen hinsichtlich einer umfassenden Aufarbeitung sowie Verbesserung der Präsentationsform des Bestands der Kartensammlung angestellt.

Die ca. 21.000 Blätter der modernen Kartenserien wurden bisher lediglich interimistisch anhand von nach Blattnummern sortierten Listen an den unterschiedlichsten Stellen des überdies teils nach den Preußischen Instruktionen und teils nach Regeln zur Alphabetischen Katalogisierung geordneten alphabetischen Katalogs nachgewiesen. Neuerwerbungen hingegen wurden seit 1997, nach dem Scannen und dem Abbruch dieses Zettelkatalogs, im OPAC katalogisiert.

Der Altkartenbestand stammt größtenteils aus Ablieferungen im Zuge der Bodenreform und wurde zunächst auf einen Umfang von ca. 10.000 Einzelblättern geschätzt. Im Rahmen von Projektzählungen wurde er auf 16.000 Einzelblätter korrigiert. Bis in die 1980er Jahre blieb der Bestand größtenteils unbearbeitet. Erst Otto Rübesame erfaßte die regional relevanten Altkarten zum Gebiet des heutigen Sachsen-Anhalts, Thüringens und Sachsens in 2 Bibliographien[1].
Bis auf wenige Sonderfälle wurden die darin verzeichneten ca. 2.800 Karten sowie mittlerweile weitere reichlich 3.000 Karten von zumeist nur einer ABM-Kraft innerhalb des Gemeinsamen Bibliotheksverbunds (GBV) katalogisiert. Der Rest blieb zunächst weiterhin unerschlossen.

Vor diesem Hintergrund wurde nach neuen Wegen gesucht, die Karten unter Einsatz moderner Informationstechnologien benutzerfreundlich zur Verfügung zu stellen.

---

1 *Rübesame, Otto: Alte Landkarten vom Gebiet der Bezirke Halle und Magdeburg : Auswahl-Bestandes-verzeichnis der vom 16. Jahrhundert bis 1945 erschienenen Karten in der Universitäts- und Landesbibliothek Sachsen-Anhalt in Halle/Saale / bearb. von Otto Rübesame. - Halle (Saale) : Univ.- u. Landesbibliothek Sachsen-Anhalt, 1980. - 120 S. (Schriften zum Bibliotheks- und Büchereiwesen in Sachsen-Anhalt 50)*
Ders.: Alte Landkarten Sachsens und Thüringens : 16. Jh. bis 1945 / bearb. von Otto Rübesame. - Halle (Saale) : Univ.- u. Landesbibliothek Sachsen-Anhalt, 1987. - 103 S. (Schriften zum Bibliotheks- und Büchereiwesen in Sachsen-Anhalt 59)

Ausgangssituation und Projektförderung

Aufgrund enger fachlicher Kongruenz konnte die Bitterfelder Umweltbibliothek e.V. als erfahrene Partnerin in Förderfragen gewonnen werden.
Überzeugt vom Thema übernahm sie sehr engagiert die Antragstellungen und das Verwaltungsmanagement beim Arbeitsamt und dem Förderfonds Chemie und machte so als Arbeitgeberin das Projekt praktisch erst möglich.
Förderungsberechtigt war bibliothekarisch wie kartographisch weitestgehend fachfremdes Personal verschiedenster Qualifikation, das von der regionalen Chemieindustrie des Raumes Halle freigesetzt wurde. Unter den 5 bis zeitweise 8, personell durchaus fluktuierenden Stellen befand sich keine im engeren Sinne als wissenschaftlich zu bezeichnende. Die fachliche Betreuung des Projekts oblag dem Leiter der Kartensammlung der ULB, der an dieser Stelle allen mittelbar und unmittelbar an der Realisierung des im Juli 1999 begonnenen und bis März 2001 geförderten Projekts beteiligten Personen ganz herzlich danken möchte.

Zielstellung

Das Projekt begann unter dem Arbeitstitel „Elektronisches Kartenarchiv". Neben der Bestandserhaltung war sein Hauptziel eine Art „visueller Kartenkatalog", welcher ganz eng mit dem Onlinekatalog der ULB, dem OPAC, verknüpft sein sollte.

Im Zuge des Projekts wurden zwei unterschiedliche Ansätze verfolgt, aufgrund derer sich ein *„elektronisches Kartenarchiv"* unterschiedlich definieren ließe, einerseits als *„Archiv elektronischer Karten"* oder andererseits als *„elektronisches Archiv von Karten"* unterschiedlichster Ausgabeform.

Für den Bereich der alten Karten, auf die kein Urheberrecht mehr besteht, lag der Entwicklungsschwerpunkt auf dem Archivieren *„elektronischer Karten"*. Die analogen Originale sollten gescannt und anschließend im Internet in zwei verschiedenen elektronischen Bildschirmversionen angeboten werden, einer Preview- und einer Vollbildansicht. Die Kartenoriginale sollten anschließend weniger benutzt und ihr Erhaltungszustand somit besser gewahrt werden. Darüber hinaus galt es, qualitativ hochwertige Reproduktionen in Form von Ausdrucken oder als Datei gegen entsprechende Entgelte anbieten zu können. Dazu bedurfte es der grundsätzlichen Entwicklung und anschließenden Anbindung eines entsprechenden Vermarktungskonzepts. Als Quelle der Reproduktionen sollten die jeweiligen sogenannten digitalen Master dienen. Bei ihnen handelt es sich um mit maximaler optischer Qualität gescannte Images, die als TIFF-Dateien abgelegt werden und in einem CD-ROM-Archiv vorgehalten und mittels einer ACCESS-Datenbank verwaltet werden. Sie sind nicht für den Benutzer bestimmt und daher unzugänglich. Da die Karten in ihrem Erscheinungsbild authentisch wiedergegeben werden sollten, wurde an keiner Stelle der Bearbeitungsprozesse eine nachträgliche Bildbearbeitung durchgeführt.

Für die urheberrechtlich geschützten modernen Karten sollte eher der Ansatz des *„elektronischen Archivs"* verfolgt werden, weshalb vornehmlich an der Entwicklung einer graphischen Suchoberfläche für einen komfortablen Bestandsnachweis sowie eine nutzerfreundliche Recherche innerhalb des Archivs gearbeitet wurde.

Die Ergebnisse beider Entwicklungszweige sollten abschließend miteinander verbunden werden. Zu diesem Zweck sollte die ggf. noch zu modifizierende bzw. zu erweiternde Software TOPORAMA eingesetzt werden. Im Gesamtergebnis sollten auch die vorwiegend als Einzelblätter vorliegenden Altkarten anhand ihrer in der Titelaufnahme unbedingt zu erfassenden geographischen Koordinaten in eine weitestgehend blattschnittfreie Suchoberfläche integriert werden. Inwieweit darüber hinaus eine Möglichkeit gefunden werden könnte, auch die graphisch suchbaren modernen Karten entweder in Detailausschnitten oder in einer näher zu bestimmenden Bildschirmqualität zu scannen und in das Gesamtsystem eines visuellen Katalogs zu integrieren, sollte in Verhandlungen mit den herausgebenden Institutionen geklärt werden. Für Letztere könnte vermutlich mittels einer Verlinkung von der betreffenden Kartendarstellung zum jeweiligen Urheber ein Anreiz zur Kooperation geschaffen werden.

Träger wie Förderer der Maßnahme gaben mit der beruflichen Umorientierung und Weiterbildung hinsichtlich der Wiedereingliederung des Maßnahmepersonals in den ersten Arbeitsmarkt ein weiteres ganz wesentliches Projektziel vor. Dieser Vorgabe sollte durch die zahlreichen notwendigen bibliotheksinternen, aber auch externen Schulungen und Kurse zu Grundlagen der EDV (z.B. MS Office, HTML), des Bibliothekswesens (RAK), der Bibliothekssoftware (PICA) sowie die Einarbeitung in diverse Bildverarbeitungsprogramme hinreichend entsprochen werden.

Abschließend wurde die Herausgabe einer CD-ROM mit bibliographischen Angaben und Bilddateien zu den regional bedeutsamen Karten Sachsen-Anhalts erwogen.

Technische und organisatorische Voraussetzungen

Während der Schulungs- und Einarbeitungsphase in den ersten Projektmonaten mußte das Mengengerüst für das Scannen der Altkarten präzisiert werden.
Es war angedacht, beginnend mit den regional relevanten Karten sukzessive alle Einzelblätter einschließlich der Mehrfachexemplare zu scannen und im Internet zu präsentieren. Die Methoden hierfür sollten möglichst einfach und nachnutzbar ent-

wickelt werden, damit das Scannen der Karten und ihre Integration in das Archiv ggf. auch nach Ablauf der Maßnahme fortgeführt werden könnte.

Da die technischen Arbeitsprozesse sehr stark von den vorhandenen Möglichkeiten der ULB abhingen, konnte man die Karten aufgrund von Restriktionen, die durch Format und Farbgebung der Scanvorlagen bedingt waren, nicht sequentiell abarbeiten. Zu Projektbeginn wurde für nicht kolorierte Vorlagen bis DIN A 1 ein Graustufenscanner und für farbige Vorlagen bis DIN A 4 ein Farbscanner eingesetzt. Erst im August 2000 wurden an der ULB, vornehmlich im Hinblick auf diverse weitere Projekte, ein Farbscanner sowie ein Farbplotter für Formate bis DIN A 0 angeschafft.

Nach diversen Zählungen, Zuordnungen und Messungen, die in eine EXCEL-Datei mit provisorischen Titelaufnahmen eingingen, wurden aus den o.g. 2.800 Karten mit regionaler Bedeutung ca. 1000 Karten ermittelt, die zwar den Vorgaben der Scanner entsprachen, jedoch aufgrund ihres zumeist schlechten Erhaltungszustands vor dem Scannen von zwei eigens zu diesem Zweck dem Restaurator der ULB abgestellten Projektmitarbeiterinnen aufgearbeitet werden mußten.

Zwei MitarbeiterInnen wurden mit der für sämtliche Karten obligatorischen Titelaufnahme, einschließlich der für die im Projekt erzeugten elektronischen Dokumente, betraut. Für das Scannen der Karten sowie die Erstellung geeigneter Instrumente zur Ergebnispräsentation im Internet wurden drei MitarbeiterInnen eingesetzt.

Ergebnisse im Bereich der alten Karten

Im Laufe des Projekts wurden ca. 1.700 alte Karten umfassend restauriert, von denen mittlerweile etwa 700 gescannt wurden. Diese finden in ca. 400 Titeldatensätzen im OPAC[2] ihren Nachweis und liegen als Online-Versionen vor. Die Differenz resultiert aus den Mehrfachexemplaren der Sammlung, die angesichts der Überschaubarkeit des Gesamtbestands und des Anspruchs der Bestandserhaltung sowie der potentiellen Reproduzierbarkeit sämtlicher Kartenblätter ebenfalls gescannt werden sollten. Durch den bewußten Verzicht auf eine qualitative Vorauswahl soll der Benutzer selbst entscheiden können, welche Exemplare ihn letztlich interessieren.

Aufgrund von Benutzerwünschen wurden mittlerweile auch Karten anderer Regionen als der Mitteldeutschlands in das Archiv integriert. Zudem wurden aus Gründen der Bestandserhaltung auch regional bedeutsame Karten, die nach 1850 erschienen sind, eingescannt. Ob und wie diese im Internet präsentiert werden können, ist allerdings größtenteils noch mit den Urhebern abzustimmen.

---

2 *Vgl. im Internet: http://haweb1.bibliothek.uni-halle.de/cgi-bin/wwwopc4menu*

Durch die Sacherschließung der elektronischen Versionen der gescannten Karten können diese neben den herkömmlichen Recherchemethoden nach Personennamen oder Titelstichwort auch über die Suche nach – zumeist geographischen - Schlagwörtern im OPAC ermittelt werden, wo sie zusammen mit allen anderen der Suchanfrage entsprechenden Medien im Suchergebnis ausgewiesen werden.

Damit aber auch die Gesamtheit der elektronischen Dokumente bzw. gescannten Karten als eigener Bestand sowohl im lokalen OPAC als auch dem Verbundkatalog ermittelt werden kann, wurden allen Titeldatensätzen zwei bislang einmalige Merkmale zugewiesen, nämlich das lokale Schlagwort „emap“ als Kurzform von electronic map sowie der Serientitel „Elektronisches Kartenarchiv der Universitäts- und Landesbibliothek Sachsen-Anhalt“.

Über entsprechend formulierte Abfragen in den betreffenden Katalogen erhält man auf diese Weise eine Kurzliste aller elektronisch vorhandenen Altkarten der ULB. Diese Gesamttreffermenge läßt sich anschließend mittels der im Suchmenü auswählbaren Katalogfunktion „Einschränken“ gezielt verringern.

Ein positiver Aspekt derartiger Abfragen ergibt sich aus ihrer Verwendbarkeit als Link oder auch Bookmark. Derartige Links können auf fachlich entsprechenden Internetseiten der ULB plaziert werden und dem Benutzer die Kartensuche somit erheblich erleichtern. So befindet sich bspw. auf der Seite der Kartensammlung der ULB[3] folgender Link zur Anzeige der gesamten bisher gescannten Karten:

http://141.48.65.30:8080/DB=1/CMD?ACT=SRCHA&IKT=1016&SRT=YOP&TRM=Elektronisches+Kartenarchiv

Hinter diesem URL verbirgt sich eine Rechercheanfrage an den OPAC der ULB, die einer manuellen Eingabe der in dem o.g. Serientitel enthaltenen Zeichenkette „Elektronisches Kartenarchiv“ in das entsprechende Eingabefeld des OPACs gleichkommt. Analog könnte das lokale Schlagwort „emap“ eingegeben werden. Im Gemeinsamen Verbundkatalog (GVK)[4] des GBV jedoch läßt sich lediglich mit dem Serientitel entsprechend selektieren.

Auf die geschilderte Weise erhält man eine Trefferliste in Kurztitelanzeige und nach Anklicken des interessierenden Links die Langtitelanzeige des betreffenden elektronischen Dokuments. An deren Ende befindet sich dann der Link zur Benutzeroberfläche der entsprechenden Online-Version. Im OPAC weist dieser die typische Form eines URLs auf. Der darin enthaltene Dateiname beginnt mit „altkt“ und spiegelt die

---

3 *Vgl. im Internet: http://www.bibliothek.uni-halle.de/karten/*

4 *vgl. im Internet: http://www.gbv.de/cgi-bin/wwwobn2psi?DB=2.1&LNG=DU*

Standortsignatur des Kartenoriginals wider und stellt gleichzeitig so etwas wie die ansonsten nicht vorgesehene Signatur des elektronischen Dokuments dar.

Das Layout der Oberfläche (vgl. Abb. 1) steht in einem gewissen Kontrast zu dem des OPACs, da es der ULB-Homepage nachempfunden ist. Zu gegebener Zeit ist im Nachgang des Projekts eine Integration der Oberfläche in entsprechende fachliche Webseiten der ULB bzw. Kartensammlung vorgesehen.

Auf der ersten Seite der Oberfläche wird neben der Projektüberschrift, dem ggf. abgekürzten Kartentitel, der Signatur und einigen Menüpunkten die Previewversion der Karte angezeigt. Dies geschieht für alle Karten in einem immer auf eine Breite von 400 Pixel dimensionierten Bildschirmausschnitt. Hier soll der Benutzer einen ersten Eindruck von der Karte gewinnen. Er kann sofort sehen, ob die Karte koloriert ist oder nicht und kann ggf. das Alter sowie die für seine Belange erforderliche Gebietsabdeckung abschätzen.

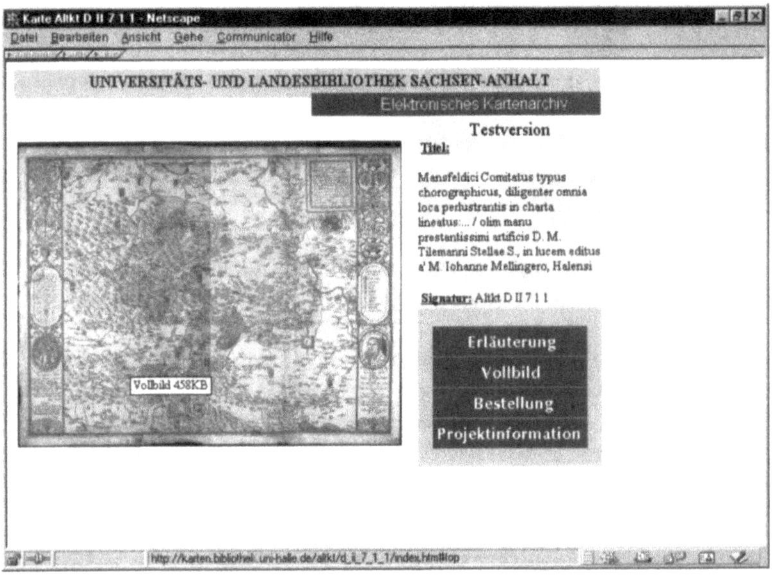

Abb. 1: Benutzeroberfläche mit Previewbild

Genügt dem Benutzer diese Darstellung noch nicht, so kann er sich das entsprechende Vollbild anzeigen lassen. Zu diesem Zweck wurde das Previewbild verweissensitiv gestaltet. Vor dem Mausklick auf das Bild oder die Schaltfläche „Vollbild“ wird durch kurzes Verweilen mit der Maus auf den genannten Elementen eine Angabe zur Dateigröße des zu ladenden Bildes angezeigt. Nach dem Anklicken wird das Vollbild in einem neuen Fenster angezeigt.

Das mit einer Auflösung von ca. 120 – 150 dpi gescannte Vollbild wird ebenso wie das zumeist mit 72 dpi gescannte Vorschaubild im JPEG-Format angeboten. Es ist frei verfügbar und kann vom Benutzer heruntergeladen werden. In den meisten Fällen ist die Ausgabequalität allerdings bestenfalls als Arbeitsgrundlage verwendbar. Der Hauptgrund dafür liegt darin, daß zur Bildschirmdarstellung eine Skalierung des Bildes vorgenommen wurde, die auf einem gängigen 17“-Monitor mit einer Einstellung der Anzeige von 800 X 600 Pixeln einen möglichst originalgroßen Eindruck der Kartenvorlage gewährleisten soll. Auf diese Weise wird übermäßiges Scrollen mit den Rollbalken vermieden. Denn je größer die Kartenvorlage im Original ist, desto ungleich größer wird die Bildschirmabbildung und der Betrachter verliert beim Scrollen schnell die räumliche Orientierung in ihr. Diesem Umstand könnte auch durch den Einsatz diverser Tools, z.B. zum Zoomen oder zum Navigieren in einem separat eingeklinkten Übersichtsfenster, begegnet werden. Derartige Funktionen waren innerhalb des Projekts allerdings nicht realisierbar.

Im Vollbild kann sich der Benutzer jedoch bereits angemessen geographisch orientieren. Auch kleinere Schriftzüge, z.B. in Kartuschen oder Randangaben sind zumeist ausreichend lesbar. Wird von der Karte X eine qualitativ hochwertigere Version in Form eines Ausdrucks oder einer Datei benötigt, so kann über den Menüpunkt „Bestellung“ ein entsprechendes Bestellformular ausgefüllt werden. Zur Wahrung des Urheberrechts wird in der Regel jedoch nur Reproduktionswünschen von Karten, die vor 1850 erschienen sind, entsprochen.

Die genauen bibliographischen Angaben erhält der Benutzer für den Fall, daß er die Vorschauoberfläche nicht über den OPAC, sondern bspw. über eine Suchmaschine im Web erreicht, unter dem Menüpunkt „Erläuterung“. Abgerundet wird das Angebot auf dieser Oberfläche durch den Menüpunkt „Projektinformation“, über den man allgemeine Informationen zur Maßnahme erhält.

Ergebnisse im Bereich der modernen Karten

Aufgrund der Landesbibliotheksfunktion der ULB wurde die Entwicklung von graphischen Suchmethoden zunächst mit den Sachsen-Anhalt betreffenden Blättern der Topographischen Karte 1:25.000 (TK 25), in den Ausgaben von ihren Anfängen bis heute, begonnen (vgl. Abb. 2)[5]. Da der Entwicklungs- und Pflegeaufwand dieser

---

[5] *s. auch http://karten.bibliothek.uni-halle.de/mapwork/Sachsen-Anhalt/Eingangsbild/ → 1:25.000 → Ausgabe Normal*

Oberflächen jedoch relativ hoch ist, wurde die Methode insgesamt auf die Sachsen-Anhalt betreffenden Blätter der topographischen Serien beschränkt.

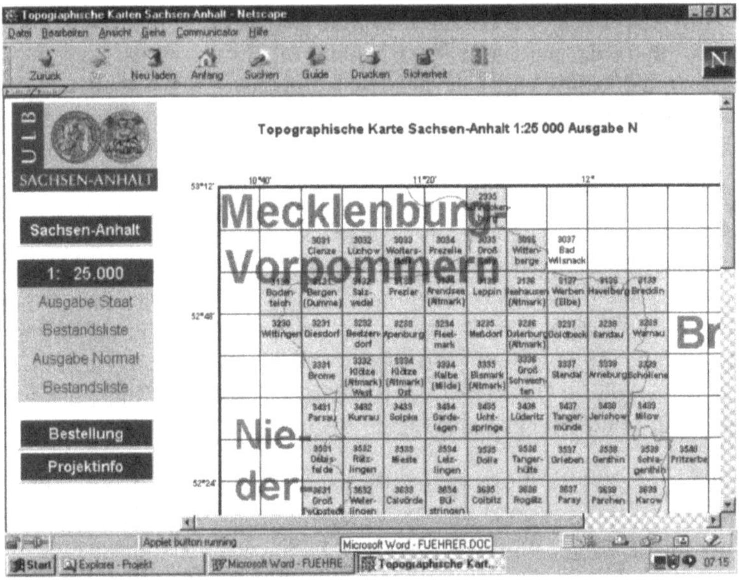

Abb. 2: Graphische Suchoberfläche auf der Basis von Indexblättern

Die Oberfläche einer jeden Kartenserie basiert auf der jeweils vom Landesvermessungsamt Sachsen-Anhalt herausgegebenen Blattübersicht, die gescannt, zweckmäßig modifiziert und verweissensitiv gestaltet wurden. Durch Anklicken des interessierenden Kästchens der Übersicht gelangt man auf die betreffende Nachweisstelle der verschiedenen Ausgaben der jeweiligen Karte innerhalb einer in HTML vorliegenden Bestandsliste.

Als Neuerung gegenüber dem Einsatz von reinen Bestandslisten wurde an der ULB jedoch erstmals das oben erwähnte Verfahren einer linkunterstützten OPAC-Anfrage angewandt. Beginnend mit der Blattübersicht der TK 25 wurde jedes Kästchen mit dem entsprechenden Link zum dazugehörigen Titeldatensatz im OPAC versehen und somit auch eine bequeme Ausleihmöglichkeit und Bestellverwaltung der gewünschten Karte realisiert.

Diese Methode soll sukzessive auch auf die weiteren Kartenwerke übertragen werden, sobald deren Titelaufnahmen abgeschlossen sind.

Langfristig wird angestrebt, das komfortable graphische Verwalten und Retrieval von Karten mittels der Software TOPORAMA zu realisieren. Damit wären dann auch die außerhalb Sachsen-Anhalts liegenden Blätter entsprechend darstellbar. Durch die GIS-Komponente dieses Programms soll es dann gelingen, evtl. nach bereits angedachten Weiterentwicklungen, die Bestände aller Karten, einschließlich der größtenteils blattschnittunabhängigen alten Karten, in einer einzigen graphischen Suchoberfläche recherchierbar zu machen.

Ausblick

Nach dem Auslaufen der Strukturanpassungsmaßnahme wird die erfolgreiche Nachnutzung und mögliche Integration anderer Medien (z.B. Atlanten) in die bereits vielversprechenden Projektergebnisse des elektronischen Kartenarchivs maßgeblich davon abhängen, inwieweit es gelingt, im Nachgang des Projekts

- von der Testphase in den reibungslosen Routinebetrieb überzugehen,
- das Programm TOPORAMA wirkungsvoll zu integrieren,
- das Reproduktionskonzept weiter zu optimieren,
- evtl. bestimmte Arbeitsprozesse zu vereinfachen (z.B. Wegfall der eigenständigen Titelaufnahme für das elektronische Dokument und direkter Link von der Titelaufnahme der analogen Karte zur Online-Version),
- das Elektronische Kartenarchiv auch auf den Internetseiten der Kartensammlung entsprechend benutzerfreundlich zu dokumentieren und
- fachliche Weiterentwicklungen hinsichtlich Konvertierbarkeit von Datenformaten, Einsatz von Metadaten sowie Beitrag zu einer möglichen Verteilten Digitalen Bibliothek auf einem zentralen Kartenserver zu berücksichtigen.

Zum Teil können diese Vorhaben evtl. im Rahmen einer weiteren an der ULB noch laufenden SAM realisiert werden, die sich auf das Archivieren multimedialer Materialien - und somit durchaus auch gescannter Karten - konzentriert.

Nachtrag (2003)

Das elektronische Kartenarchiv der ULB Sachsen-Anhalt enthält mittlerweile mehr als 1.000 Titeldatensätze von gescannten alten Karten. Unter Berücksichtigung der Mehrfachexemplare läßt dies auf eine gescannte Blattzahl von über 1.500 Karten schließen, was die seinerzeit angestrebte Nachnutzbarkeit für die ULB durchaus belegt.

Die modernen Kartenwerke Sachsen-Anhalts können als komplett katalogisiert bezeichnet werden. Sie sind über die beschriebene graphische Suchoberfläche im OPAC recherchier- und bestellbar. Die Zahl der im Verlaufe und Nachgang der Maßnahme restaurierten Kartenblätter beträgt über 3.000.

Einige ausgewählte Altkartenscans wurden mittlerweile wie ursprünglich geplant auf bislang 2 CD-ROMs veröffentlicht. Die Publikation einer Gesamtausgabe aller im Bestand der ULB befindlichen Altkarten zur Region Mitteldeutschlands mit einem Ortsregister und zusätzlichen Funktionalitäten konnte noch nicht realisiert werden, ist aber für die Zukunft nicht völlig ausgeschlossen. Folgende Titel sind über die ULB Sachsen-Anhalt (http://karten.bibliothek.uni-halle.de/shop/index.htm >CD-ROM) zu beziehen:

Alte Pläne ausgewählter Städte des heutigen Sachsen-Anhalt / zsgest. von Wolfgang Drechsel und Jens-Peter Grell. Halle (Saale) : Universitäts- und Landesbibliothek Sachsen-Anhalt, 2002.
8 Stadtpläne von Halle, 1720-1824; 6 Stadtpläne von Magdeburg, 1632-1809; 2 Stadtpläne von Halberstadt, 1784-1785; 2 Stadtpläne von Wittenberg, 1790-1800; 1 Stadtplan von Naumburg 1847, 1 Stadtplan von Quedlinburg, 1782
ISBN 3-86010-667-8
1 CD-ROM

Alte Landkarten der Regionen Halle und Wittenberg: 500 Jahre Martin-Luther-Universität Halle-Wittenberg / zsgest. von: Wolfgang Drechsel und Jens-Peter Grell. Halle (Saale) : Universitäts- und Landesbibliothek Sachsen-Anhalt, 2002.
22 Altkarten von Halle, 1720-1836; 19 Altkarten von Wittenberg, 1572-1835
ISBN 3-86010-668-6
1 CD-ROM

Der digitale historische Kartenkatalog der SuUB Bremen umgesetzt mit Hilfe der Software der Firma megatel GmbH

Thorsten Piezunka und Andrea Kintrup

1. Einleitung

Historische Karten sind bedeutende Zeitdokumente unserer Landschaft. Sie zeigen die Veränderungen in der Landschaft über einen Zeitraum von mehreren Jahrhunderten auf und liefern einen wichtigen Zugang zu unserer Stadt-, Landes- und Weltgeschichte.

Die Staats- und Universitätsbibliothek Bremen besitzt einen umfangreichen historischen Kartenbestand von ca. 3.800 Karten. Der Schwerpunkt der Sammlung liegt im Bereich der nordwestdeutschen Karten. Eine wichtige Sonderrolle nehmen die Karten von den Vereinigten Staaten von Amerika und von Kanada ein. Abgerundet wird der Bestand durch Karten, die sich auf die Erdteile Europa, Amerika, Asien, Afrika und Australien beziehen.

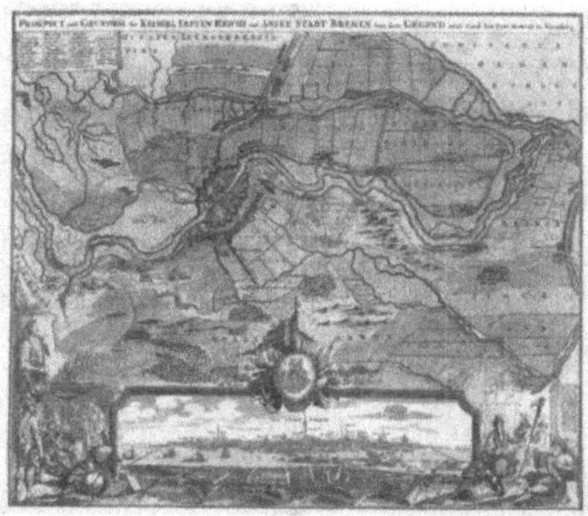

Abb. 1: Beispiel einer historischen Karte (Altkarte)

Neben der Erhaltung des historischen Materials ist es eine wichtige Aufgabe der Bibliothek, diese Karten schnell und komfortabel zur Verfügung zu stellen. Im Rahmen des Projektes „Retrospektive Digitalisierung des historischen Kartenbestandes der Staats- und Universitätsbibliothek Bremen“ wurde daher mit dem Aufbau eines Kartenkatalogs im Internet unter http://gauss.suub.uni-bremen.de begonnen. Das Projekt wird von der Deutschen Forschungsgemeinschaft (DFG) im Rahmen des DFG-Förderprogramms „Retrospektive Digitalisierung von Bibliotheksbeständen“ gefördert.

2. Beschreibung der ersten Projektphase

2.1 Datenaufbereitung

Zur Realisierung der Pilotphase waren umfangreiche Vorarbeiten notwendig, um die Kartenoriginale in ein digitales Datenformat zu überführen. Mittels eines Hochleistungsscanners wurden 100 ausgewählte Karten in einer Auflösung von ca. 300 dpi und in einer Farbtiefe von 24 Bit (True Color) eingescannt. In einem anschließenden Schritt wurden die digitalen Karten für die Software internet visor der Firma megatel GmbH, die mit dem Konzept, dem Design und der technischen Realisierung in diesem Projekt betraut war, aufbereitet. Zunächst wurden die Dateien in eine Farbtiefe von 8 Bit konvertiert, um die Datenmenge zu reduzieren. Danach erfolgte die Konvertierung der TIFF-Dateien in ein speziell für die Software internet visor entwickeltes AKF-Format. Diese Dateien wurden wiederum durch den Einsatz eines LZW-Algorithmus komprimiert, um kurze Ladezeiten der Bilddateien im Internet bei gleichzeitig hoher Bildqualität zu gewährleisten.

2.2. Software internet visor

Bei der Software internet visor handelt es sich um einen Geoserver, der von der Firma megatel GmbH entwickelt wurde. Der internet visor ermöglicht die kostengünstige und intelligente Bereitstellung von Karten und Routing im Internet und wird bereits millionenfach in unterschiedlichen Projektanwendungen von Stadtplänen bis zur Immobiliensuchunterstützung genutzt (http://www.internetvisor.de). In diesem von der DFG geförderten Projekt wurde er auf die besonderen Anforderungen von Bibliotheken angepasst.

2.3 Erschließung

Die ausgewählten Karten wurden in der PICA-Datenbank katalogisiert. Für die Titelaufnahme wurden neben der Übernahme des Titels von der Vorlage die an der Herstellung der Karte beteiligten Personen vermerkt. Der Maßstab und die Größe der Karte wurden ermittelt und bedeutende kartographische Besonderheiten beschrieben.

2.4 Kartenkatalog

Nach der Datenaufbereitung und der Anpassung der Software wurde der Direkt- und Mehrfachzugriff auf 100 Karten des historischen Kartenbestands der Staats- und Universitätsbibliothek Bremen hergestellt. Die Karten können nach verschiedenen

Kriterien formularbasiert gesucht werden. Die Kriterien sind Kartentitel, Jahr oder Zeiträume des Drucks der Karte, die Namen der an der Erstellung der Karte beteiligten Personen und die Angabe eines Schlagwortes. Nachdem der Nutzer durch die Eingabe seiner Suchbegriffe fündig geworden ist, kann er sich die gewünschte Karte und die entsprechende Erläuterung zu der Karte anzeigen lassen. Innerhalb der Karte kann der Nutzer in Bereiche hineinzoomen oder scrollen, wobei ein Positionsfenster ihm die Orientierung in der Karte erleichtert. Es besteht zudem die Option, den angezeigten Kartenausschnitt zu vergrößern.

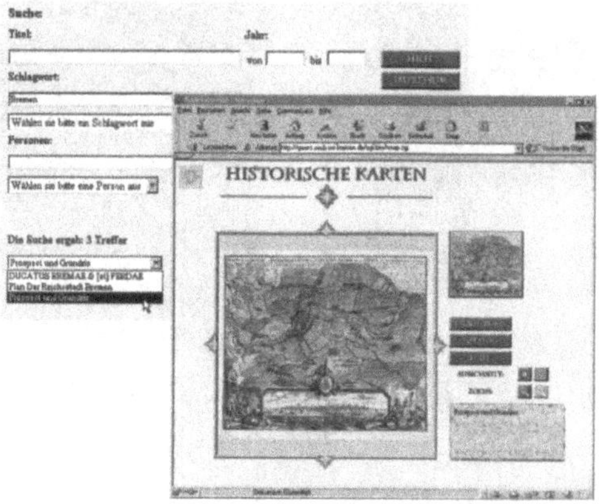

Abb. 2: Die Oberfläche der Anwendung in der Fassung von 2001

3. Geplante Erweiterungen

Neben der Digitalisierung und Erschließung der restlichen ca. 3.700 Karten sollen in der zweiten Projektphase weitere Funktionalitäten hinzugefügt werden, die in diesem Kapitel kurz beschrieben werden.

3.1 Erweiterung der Suchmöglichkeiten

3.1.1 Geographische Suche

Die visuelle Suche vereinfacht die Recherche nach Karten, für die dem Nutzer keine bibliothekarischen Angaben vorliegen. Sie eignet sich auch zum Herausfiltern sämtlicher Karten aus verschiedenen Epochen oder von verschiedenen Kartographen einer Region oder Stadt. Zur Realisierung der geographischen Suchfunktion sind weltumspannende Übersichtskarten in das System zu integrieren, und es ist eine Verortung der Karten durchzuführen. Nachdem die historischen Karten an moderne Koordinatensysteme angepasst sind, können durch einen Klick in die Übersichtskarte alle Karten als Ergebnis geliefert werden, die sich in dem ausgewählten Koordinatenbereich befinden.

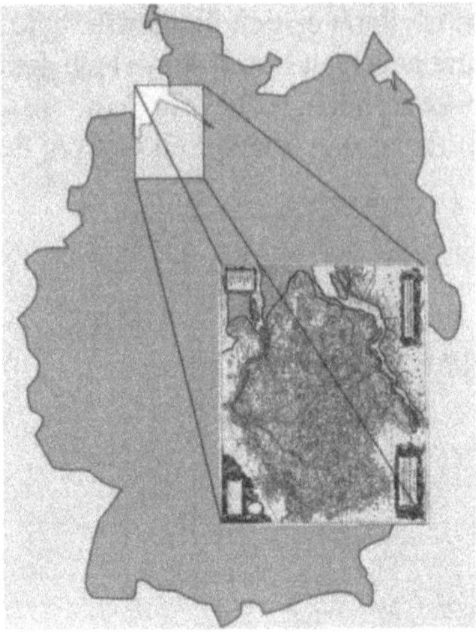

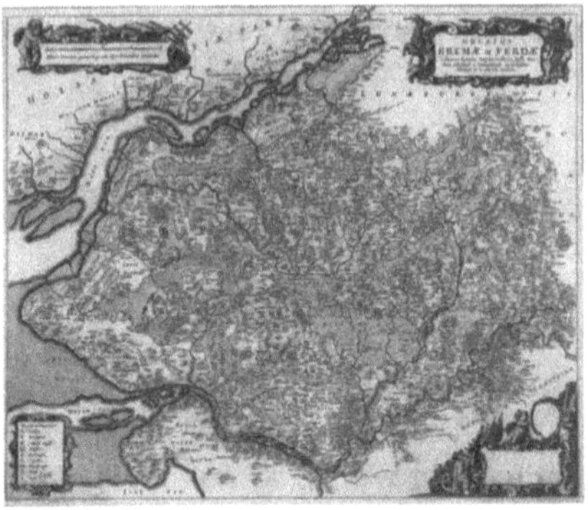

Abb. 3 und 4: Räumliche Zuordnung einer historischen Karte

3.1.2 Ortsnamenssuche

In einer Datenbank soll ein Ortsnamenverzeichnis mit den aktuellen Schreibweisen der vorkommenden Orte aufgebaut werden. Im Vergleich zu den bisherigen Suchmöglichkeiten soll mit Hilfe dieser Erweiterung die Kartensuche weiter spezifiziert werden. Der gewünschte Ort kann auch auf den Übersichtskarten angezeigt werden. Es ist ebenfalls die Bereitstellung einer Datei mit historischen Ortsnamen vorgesehen, welche die historischen Schreibweisen beinhaltet.

3.2 Multimediaeinsatz

Im Rahmen eines Multimediaangebots, das sowohl innerhalb des Kartenkatalogs als auch separat als eigenständiges Produkt angeboten werden soll, werden etwa 20 ausgewählte historische Karten mit Bildern, Fotos und Texten multimedial aufbereitet. Historische Zusammenhänge, Landschaftsveränderungen und die Stadtentwicklung am Beispiel von Bremen sollen damit anschaulich präsentiert werden.

3.3 Service

Neben dem heute schon ausführbaren hochwertigen Ausdruck der Karten über die Druckfunktion des Browsers soll der Nutzer die Möglichkeit erhalten, die gewünschte Karte in verschiedenen Auflösungen und Farbtiefen als Datei aus dem Internet herunterzuladen oder auf CD-ROM zu brennen. Für diese erweiterten Serviceleistungen wird eine effiziente Kunden- und Rechnungsverwaltung implementiert.

Nachtrag: Der heutige Stand des Projektes (2003)

Der gesamte historische Kartenbestand der Staats- und Universitätsbibliothek Bremen wurde inzwischen digitalisiert. Die für die Präsentation der Karten im Internet notwendige Aufbereitung der digitalen Dateien ist ebenfalls durchgeführt worden.

Die gesamten historischen Karten sind durch die Erstellung von Titelaufnahmen formal und inhaltlich erschlossen worden. Hierbei wurden die Karten mit einem Erscheinungsjahr bis einschließlich 1850 in der IKAR-Altkartendatenbank katalogisiert, wobei die Karten mit einem Erscheinungsjahr nach 1850 in der PICA-Datenbank aufgenommen wurden. Die Webseiten des Kartenkatalogs wurden vollständig überarbeitet und sind um wertvolle Funktionalitäten erweitert worden.

Die visuelle Recherche nach alten Karten wurde verwirklicht. Als digitale Übersichtskarten wurden aktuelle Karten aus „The World Factbook" der CIA in das System integriert. Im Rahmen der Erschließung wurden die aktuellen Koordinaten der historischen Karten ermittelt. Anhand eines Verortungswerkzeuges und auf der Grundlage der erhobenen Daten erfolgte die anschließende Einbindung der historischen Karten in die geographische Suchoberfläche. Ein interner Managementbereich innerhalb der Software ermöglicht es der Staats- und Universitätsbibliothek Bremen, aktualisierte Daten selbständig in die Anwendung einzupflegen.

Zur Unterstützung der Kartenrecherche wurde ein Ortsnamenverzeichnis mit der aktuellen Schreibweise der vorkommenden Orte integriert, und die Lage eines gesuchten Ortes kann in der Übersichtskarte angezeigt werden. Für eine Überlassung ihres umfangreichen Registers aktueller Ortsnamen vom „GEOnet Names Server" konnte die National Imagery and Mapping Agency (NIMA) gewonnen werden. Es wurde ebenfalls eine Ortsnamendatei mit der historischen Schreibweise der Orte aufgebaut, um eine zusätzliche Suche über historische Ortsnamen anzubieten.

Die geplante multimediale Aufbereitung von etwa 20 ausgewählten historischen Karten von Bremen, Bremerhaven und Nordwestdeutschland wurde unter der Verwendung verschiedener Materialien, wie Abbildungen, Ansichten, Text- und Tondokumente erfolgreich realisiert.

Seit Dezember 2002 sind über 2.000 historische Karten unter http://gauss.suub.uni-bremen.de über den Online-Kartenkatalog abrufbar. Die Nutzer können sich neben der Betrachtung und Vergrößerung ausgewählter Bereiche die historische Karte als Vollbild in ihrer Originalgröße in einer Auflösung von 72 dpi anzeigen lassen. Der Abschluss des Projektes und die Präsentation der gesamten 3.800 historischen Karten im Internet ist im November 2003 vorgesehen.

Für gleichgelagerte Projekte im öffentlichen Bereich ist eine kostenfreie Weitergabe der Projektergebnisse vorgesehen. Nähere Auskünfte zur Nachnutzung oder weitere Projektinformationen erhalten Sie unter http://gauss.suub.uni-bremen.de.

Probleme bei der elektronischen Visualisierung von Altkarten

Kurt Brunner

1. Digitalisierung von Altkarten

Digitalisierung und Visualisierung sind Schlagworte unserer Zeit, die längst auch Einzug in Kartensammlungen genommen haben. Altkarten werden vielfältig digitalisiert, dies erfolgt zur Bestandssicherung aber auch für ihre Zugänglichkeit für ein breiteres Publikum durch Bildanzeige am Monitor.

Die elektronische Bildanzeige kann dabei bloße Visualisierung, aber auch Bestandteil digitaler Kartenkataloge sein. Das eigentlich wirklich Neue ist eine interaktive, multimediale Präsentation von Karten. Die Vorhaltung digitalisierter Daten geschieht auf CD-ROM und im Internet als Speicher- und Präsentationsmedium.

2. Präsentation und Interaktion

Populäre Kartenpräsentation auf CD für ein breiteres Publikum sind überraschenderweise selten anzutreffen. Beispiele hierfür wären: „Image of the World", British Library Board, 1995, „Atlas Hungaricus 1528 – 1850", Akademia Kiado Budapest, 1996 und „Mapa Mondi", Bibliotheque nationale de France, 1998. Die Möglichkeiten der Interaktion und die Qualität der Kartenvisualisierung ist bei diesen Produkten unterschiedlich.

Unüberschaubar groß und stark anwachsend ist das Angebot im Internet. Die Qualität der Kartenvisualiserung ist hier aber meist unbefriedigend und steht häufig im Gegensatz zu Erschließungsinstrumenten und Bannerwerbung in bemerkenswert professioneller Graphik.

3. Kartenkataloge

Kartenvisualisierung ist oftmals auch Bestandteil digitaler Kartenkataloge. Hier ist nicht Platz für die Diskussion zur Bearbeitung und Gestaltung solcher Kataloge. Sicherlich sollte die Möglichkeit der Interaktion genutzt werden. Links zu Texten, Bildern, Literatur sollten Standard sein.
Angesprochen sollen aber Visualisierungsaspekte werden. Es stellt sich u. a. nämlich die Frage, ob PreViews als Vorschau von Karten und Kartenübersichten in Brief-

markengröße Sinn machen und inwieweit eine Visualisierung der Gesamtkarte zweckmäßig ist.

4. Limitierungen der elektronischen Visualisierung

Gegenüber gedruckten Karten mit ihrer bemerkenswert hohen visuellen Qualität bringen elektronische Visualisierungen am Monitor nämlich eine Reihe von nicht unerheblichen Limitierungen mit sich. Diese Einschränkungen sind

- die relativ kleine Bildanzeige
- das vorgegebene Seitenverhältnis (Ratio) des Monitors
- die geringe Auflösung
- die Bildpunktform
- der größere Betrachtungsabstand.

Die durch die Bildschirmgröße bedingte kleine Bildanzeige veranlaßt häufig zu unlesbaren Verkleinerungen der Karten oder zu kleinen Kartenausschnitten, die aber durch Scrollfunktionen ausgeglichen werden kann.

Die entscheidende Limitierung ist jedoch die Auflösung des Monitors, die erheblich geringer ist als im Printmedium und auch beim aufkommenden Non-Impact-Printing (Laser- und Inkjet-Printer). Im Printmedium sind Linien in einer Feinheit von 0,1 mm möglich, was einer Auflösung von 1200 bis 2500 dpi entspricht und in der Größenordnung des Auflösungsvermögens des Auges liegt (Brunner, 2000 und 2001).

Die geringe Auflösung bei elektronischen Bildanzeigen beruht auf den zur Bilderzeugung notwendigen Bildpunkten (Bildschirm-Pixel), die bei allen realisierten Monitor-Techniken erforderlich sind.

Tab. 1 beinhaltet Bildschirmgrößen, Auflösungen und Bildpunktgrößen für Monitore mit CRT-Technik (Elektronenstrahlröhren), Tab. 2 listet diese Größen für Flachbild-Monitore in der LCD-Technik (Flüssigkristallbildschirme) auf.

Die sichtbare Bilddiagonale und somit das sichtbare Bildformat liegen bei CRT-Monitoren unterhalb der angegeben Größen. Bei LCD-Bildschirmen entspricht sie der angegebenen Diagonale. Menüleisten für Erschließungsinstrumente verringern jedoch die nutzbaren Bildformate noch weiter.

Die entscheidende Restriktion elektronischer Bildanzeigen sind die quadratischen Bildpunkte. Die Bildpunktgrößen liegen zwischen 0,19 mm und 0,38 mm, das entspricht ungefähr einer Auflösung von 140 dpi und 70 dpi. Diese ist damit mindestens zehnmal schlechter als jene des Auges und des bedruckten Papiers.

Tab. 1: Monitore mit gängiger CRT-Technik

Bildschirm-größe (Bilddiagonale) [Zoll]	Bildschirm-format [cm]	Auflösung		
		1024 x 768	1280 x 1024	1600 x 1200
		Bildpunktgröße [mm]		
15"	27 x 20	0,27	0,21	--
17"	31 x 23	0,30	0,24	0,19
19"	35 x 26	0,34	0,27	0,22
21"	38 x 29	0,38	0,30	0,24

Tab. 2: Flachbildschirme mit moderner LCD-Technik

Bildschirmgröße (Bilddiagonale) [Zoll]	Bildschirm-format [cm]	Auflösung	
		1024 x 768	1280 x 1024
		Bildpunktgröße[mm]	
15"	31 x 23	0,30	--
17"	35 x 26	--	0,26
18"	38 x 29	--	0,28

5. Bildstörungen und Graphikdeformationen

Der Aufbau des Monitorbildes aus sichtbaren quadratischen Bildpunkten hat zur Folge, daß Graphik und Schrift nicht direkt, sondern („anstelle") durch ein Gefüge dieser Bildpunkte (Bildschirmpixel) aufgebaut wird (Bitmap-Graphik). Dies führt zu starken Bildstörungen und Graphikdeformationen, die zusätzlich noch richtungsabhängig sind. Abb. 1 zeigt diese Richtungsabhängigkeit von Linien (Brown, 1993; Brunner, 2000).

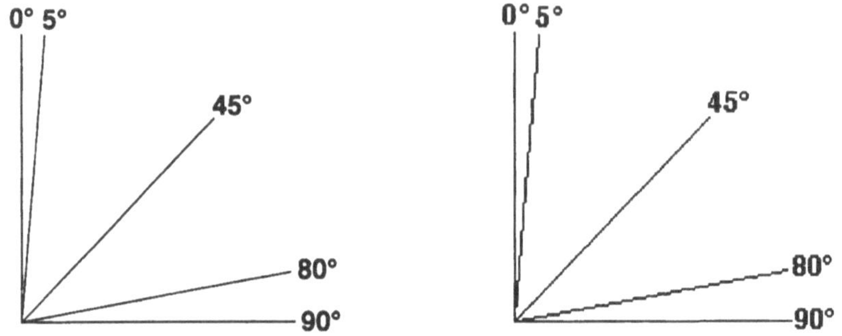

Abb. 1: Richtungsabhängigkeit bei der Bildanzeige von Linien

Abb. 2 demonstriert Bildstörungen durch die vergrößerte Wiedergabe der Bildanzeige eines Kreises; Abb. 3 zeigt die Deformation eines Rechteckes in unterschiedlichen Bildpunktgrößen.

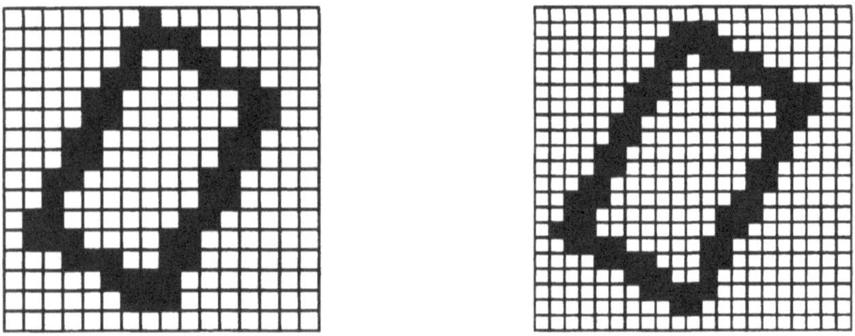

Abb. 2: Deformation eines Rechtecks bei unterschiedlichen Bildpunktgrößen

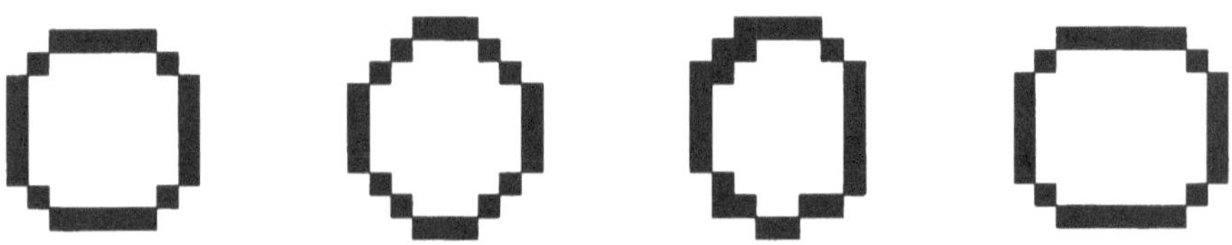

Abb. 3: Bildstörungen eines Kreises

6. Bildverbesserung

Durch Nutzung für die Bildschirmvisualisierung geeigneter (Karten-) Graphik und Schrift und einer geeigneten Rasterkonvertierung in die Bildpunktmatrix des Monitors kann eine für die elektronische Bildanzeige optimierte Kartengraphik erzeugt werden (Brunner, 2001; Neudeck, 2001). Dieses Vorgehen ist natürlich bei Altkarten sinnlos.

Bildstörungen infolge Aliasing lassen sich durch Antaliasingverfahren minimieren. Diese erzeugen an Kanten eine Unschärfe, welche die Treppenstruktur stark abschwächt. Antaliasing ist aber rechenintensiv, der Bildaufbau wird deshalb verlangsamt.

7. Schluß

Bei der elektronischen Visualisierung von Altkarten hat man sich offenkundig noch nicht mit der Problematik der Bildschirmanzeige befaßt. Es erscheinen aber Einschränkungen und Regeln erforderlich, die auf grundsätzlichen Untersuchungen basieren.

Einschränkungen sind sicher beim Zoomen angebracht: Karten sollten in einem festen Maßstab visualisiert, Kartenausschnitte und andere Kartendetails vorgehalten werden. Beliebiges Vergrößern und Verkleinern sollte also unterbunden sein.

Eine mögliche Verkleinerung (etwa bei Holzschnitten), bzw. Vergrößerung, bei feinen Kupferstichen, deren 1:1- Wiedergabe in der Lesbarkeit stark beeinträchtigt wäre – muß in Abhängigkeit von der Monitorgröße festgelegt werden. Grundlage für derartige Festlegungen könnte die Größe kleinster Schriften und Signaturen sein. Solche Festlegungen müßten in Abhängigkeit des Druckverfahrens (Holzschnitt, Kupferstich, Steingravur oder Feder-Lithographie, moderner Landkartendruck) oder der Feinheit von Handzeichnungen erfolgen.

Für erforderliches Scrollen in großformatigen Karten können einzublendende Kartenübersichten nützliche Navigationshilfen sein.

Überlegungen sind gleichfalls für eine Kartenvorschau notwendig. Statt stark verkleinerter, nicht lesbarer PreViews der Gesamtkarte könnten alternativ Kartentitel bzw. Titelkartuschen oder typische Ausschnitte angezeigt werden. Auch Überzeichnungen mit reduzierter Inhaltsdichte, wie bei manchen Buchwerken und Aufsätzen zur Kartographiegeschichte, könnten sinnvoll sein.

Literatur

BROWN, A. (1993): Map design for screen display. The Cartographic Journal. Vol. 30, p. 129 - 135.

BRUNNER, K. (2000): Limitierungen bei der elektronischen Visualisierung von Karten. In: Schmidt, B. und Uhlenküken, C. (Hrsg.): Visualisierung raumbezogener Daten: Methoden und Anwendungen. Bd. II, Beiträge zum 3. CeoViSC-Workshop. IfGI-Prints, Heft 8, Münster, S. 35 – 47.

BRUNNER, K. (2001): Kartengraphik am Bildschirm – Einschränkungen und Probleme. Kartographische Nachrichten. 51. Jg., Heft 5, S. 233 - 239.

NEUDECK, S. (2001): Zur Gestaltung topografischer Karten für die Bildschirmvisualisierung. Schriftenreihe Geodäsie und Geoinformation, Universität der Bundeswehr München, Heft 74, 132 S.

Die "Virtual Library Eduard Imhof"
Digitalisierung und Präsentation von kartographischen Bilddokumenten

Katrin Turconi und Jürg Bühler

A. Virtual Library Eduard Imhof - Kartographiegeschichte im Internet

Eduard Imhof lebte von 1895 bis 1986. Als Professor unterrichtete er während fast 50 Jahren Topographie an der ETH Zürich und leitete während dieser Zeit das von ihm gegründete Institut für Kartographie. Er kann als einer der weltweit führenden Kartographen des 20. Jahrhunderts bezeichnet werden und war als Gründungsmitglied auch erster Präsident der International Cartographic Association (ICA). Zahlreiche seiner Arbeiten erwiesen sich als wegweisend für die Entwicklung der Kartographie.
1997 zeigte die Graphische Sammlung der ETH Zürich in der Ausstellung "Eduard Imhof - Künstler und Kartograph" zahlreiche Originalkarten und Originalbilder von Imhof. Hier waren zahlreiche seiner Kartenwerke zu sehen, die ihn international bekannt gemacht haben: Panoramakarten, Schulkarten, der Schweizerische Mittelschulatlas, der Atlas der Schweiz. Berggemälde, Aquarelle und dreidimensionale Bergmodelle zeigten eine unbekanntere Seite Imhofs.

Eduard Imhof beim Modellieren des Windgällenreliefs.
Dieses aussergewöhnlich schöne dreidimensionale Bergmodell steht im Alpinen Museum in Bern.

Aus über 200 digitalisierten Bildern der Originalarbeiten von Imhof, den von Frau Imhof erarbeiteten Kommentaren und den biographischen und bibliographischen Texten entstand Imhof unter der URL *http://www.maps.ethz.ch/imhof.html* ein neues Werk über Imhof – nicht ein Buch, dafür aber ein Internet-Produkt mit allen spezifischen Möglichkeiten der WWW-Technik. Durch die Möglichkeit der Hyperlinks und der umfangreichen Bilddokumentation entsteht ein lebendiges Bild der Theorien und praktischen Resultate Imhofs, welches neben der gut vermittelten Information auch das Auge des Betrachters erfreut. Und will jemand die Originale sehen oder in den Fachschriften von Imhof die Kenntnisse vertiefen, ist im bibliographischen Anhang ersichtlich, wo die Dokumente gefunden werden können. Um das Produkt weiteren Kreisen von kartographisch Interessierten zugänglich zu machen, lässt sich im Internet unter *http://www.maps.ethz.ch/imhof_engl.html* auch eine englische Version finden.

In einigen Bildern soll diese "Kartographiegeschichte im Internet" nun vorgestellt werden:

Titelseite und Inhaltsverzeichnis

Virtual Library Eduard Imhof

"Eduard Imhof - Kartograph und Künstler"

Eduard Imhof (1895-1986) war von 1925-1965 Professor für Kartographie an der Eidgenössischen Technischen Hochschule Zürich. Durch seine Schulkarten und Atlanten wurde er weit über die Hochschule hinaus bekannt. Im Jahre 1995 jährte sich sein Geburtstag zum 100. Male. Das war ein Anlass, durch Ausstellungen an ihn und sein Werk zu erinnern, unter anderem in Zürich, Bern, Bad Ragaz, Barcelona, Karlsruhe und Berlin. Die letzte Ausstellung in diesem Zusammenhang fand im Sommer 1997 in der Graphischen Sammlung der ETH statt. Dort konnten besonders viele der Karten und Bilder im Original gezeigt werden. Im Anschluss an diese Ausstellung wurden Imhofs Original-Werke der ETH-Bibliothek Zürich von der Familie als Legat übergeben. Frau Viola Imhof, die Witwe von Eduard Imhof, die seiner Arbeit sehr verbunden ist, hat die Erschliessung der Arbeiten durch ihre Mitarbeit unterstützt.

Inhaltsverzeichnis

Auf den folgenden Seiten wird eine Auswahl der Imhof-Werke gezeigt, gegliedert in zwölf Kapitel

Querschnitt durch das Schaffen

Ein Querschnitt durch das Gesamtwerk

Schulwandkarte des Kantons Zürich 1:50 000
Teilstück aus dem Originalgemälde. 1934
Die Karte ist ständig ausgestellt im Obergerichtsgebäude des Kantons Zürich. (Imhof, Eduard N 1)

Auf dem Säntis, Blick gegen Abend
Aquarell. 1978. 36 x 50 cm. (Imhof, Eduard H 39)

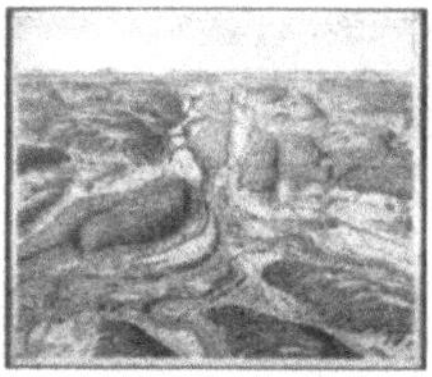

Zusammenfluss von Aare, Reuss und Limmat, Vogelschaubild
Original Federzeichnung, aquarelliert. Für den Schweizerischen Sekundarschulatlas, Auflagen 1934-1961.
14 x 17 cm.
(Imhof, Eduard F 8)

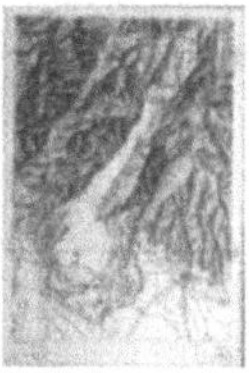

Gardasee 1:750 000
Reliefentwurf als Vorlage für den Schraffenstecher.
Bleistift auf Blaudruck der Situation.
Für den Schweizerischen Sekundarschulatlas, Auflagen 1934-1961. 14 x 9 cm. (Imhof, Eduard F 58)

Kapitel 1 : Kindheit, Jugend, Studium

Kindheit, Jugend und Studium an der ETH

Alpenpanorama, gezeichnet im Sommer 1912, vom Rötel in Zürich-Wipkingen. Aquarell. 1912.
10 x 17 cm. (Imhof, Eduard H 67)

Imhof, Eduard. Tagebuch 1910, S. 60. (O1)

Eduard Imhof wurde in Schiers in Graubünden geboren. Nach der Matura studierte Imhof 1914-1919 an der ETH Vermessung. Seine Lehrer an der ETH waren Fridolin Becker, Fritz Baeschlin und Jakob Früh. Diesen Lebensabschnitt illustrieren Schülerzeichnungen Imhofs und die Wiedergabe von Zeichnungsübungen.

Kapitel 2: Panoramen

Panoramen

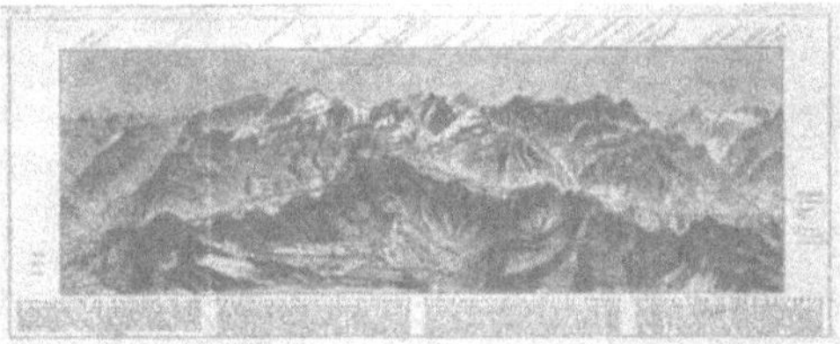

Generalansicht der Klausenpass-Strasse 1923. Bildgrösse 17 x 44 cm
(Imhof, Eduard E 18.1)

Im Zusammenhang mit topographischen Aufnahmen wurden seit dem 18. Jahrhundert Panoramen aufgenommen. Bis heute werden diese Ansichtsbilder von Alpinisten und Touristen geschätzt.

Kapitel 3: Vogelschaubilder

Lac de Montsalvens (Stausee) bei Broc, aus der Vogelschau gesehen
Aquarell auf Druck der Zeichnung (F 7.1) 1933
Schweizerischer Sekundarschulatlas, Auflagen 1934-1961
19 x 25 cm (Imhof, Eduard F 7.2)

Zwischen dem künstlerischen Ansichtsbild und der Karte steht das sogenannte Vogelschaubild, ein schräg von oben, gleichsam aus der Sicht des Vogels, gezeichnetes oder fotografiertes Bild. Seine Anschaulichkeit erleichtert das Verständnis der schwerer erfassbaren Karte und findet sich oft in der Einleitung zu Schulatlanten. Das Vogelschaubild ist auch in der touristischen Werbung und als Souvenir beliebt.

Kapitel 4 und 5 : Schulkarten und Schulatlanten

Neben anderen Karten und Atlanten bearbeitete Eduard Imhof zwischen 1922 und 1973 zahlreiche Schulkarten und Wandkarten. Zu sehen sind Ausschnitte aus Karten, zum Teil Abbildungen aus dem Atelier vor dem endgültigen Druck. Es sind Werkstattstücke mit Teiloperaten, z.B. Felszeichnungen oder das Reliefbild.

Die Arbeiten an den Schulkarten dienten Imhof zur praktischen Erprobung seiner kartographischen Theorien. 1927 erhielt Eduard Imhof den Auftrag, den Schweizerischen Mittelschulatlas neu zu bearbeiten. In der Folge erschienen unter seiner Leitung die Ausgaben 1932-1976. Diese Atlanten zeigen die Veränderungen im politischen Weltbild. Daneben sind sie wichtige Zeugnisse für Imhofs kartographische Ideen.

Schweizerischer Mittelschulatlas und Schweizerischer Sekundarschulatlas

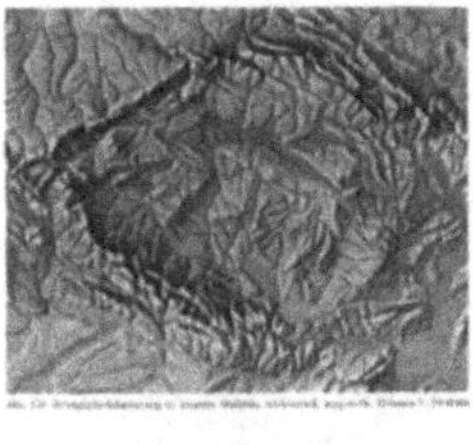

Böhmen 1:3 000 000
Schräglichtschattierung im kleinen Massstab, zeichnerisch hergestellt. Eduard Imhof und Mitarbeiter. Für den Schweizerischen Mittelschulatlas, Ausgaben1962-1976.
(Imhof, Eduard O 19)

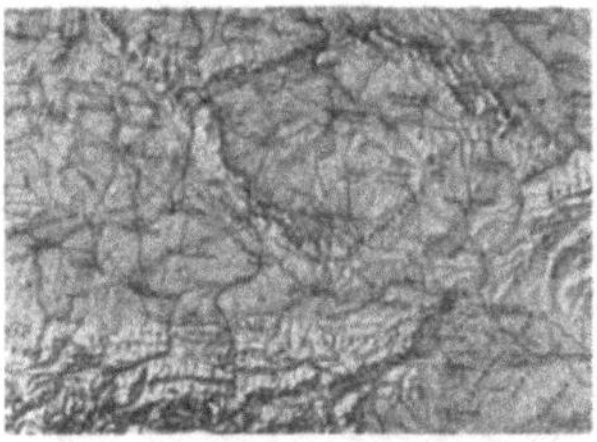

Donauländer 1:4 000 000
Schräglichtschattierung und luftperspektivisch abgestufte Höhenfarben. Eduard Imhof und Mitarbeiter.
Karte aus dem Schweizerischen Mittelschulatlas, Auflagen 1962-1976. Teilstück
(Imhof, Eduard O 31)

Kapitel 6: Expedition zum Minya Konka in Chinesisch Tibet

Im Jahre 1930 wurde Eduard Imhof aufgefordert, Lage und Höhe des "Minya Konka" in Chinesisch-Tibet zu messen. Auf dieser Expedition wurde er von Paul Nabholz und teilweise von Arnold Heim begleitet. Die Höhe des Minya Konka wurde mit 7590 m eingemessen. Er ist somit der höchste Berg auf der Erde ausserhalb der Himalaya-Kette.

Minya Konka, 7590 m
1930. Bleistiftzeichnung. (Imhof, Eduard O 10)

Kapitel 8: Atlas der Schweiz 1961-1978

1961 erhielt Eduard Imhof den Auftrag, einen "Atlas der Schweiz" zu erarbeiten. In diesem Atlas wird versucht, möglichst viele Bereiche der Natur, Bevölkerung, Kultur und Wirtschaft des Landes in Karten darzustellen. Mit Unterstützung zahlreicher Wissenschaftler aus der Schweiz konnte die erste Auflage bis 1978 fertiggestellt und vom Bundesamt für Landestopographie herausgegeben werden.

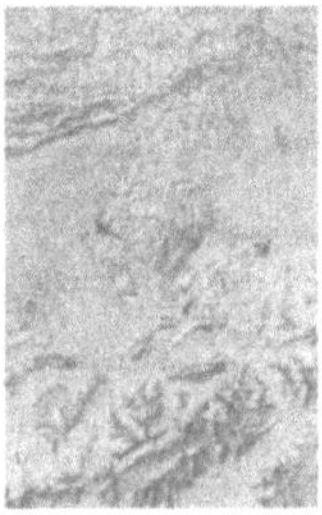

Die Schweiz zur letzten Eiszeit 1:550 000
Ausschnitt aus Tafel 6. Mitarbeiter: Heinrich Jäckli und René Hantke.
Die hellgelben Flächen waren zur letzten Eiszeit eisfrei.

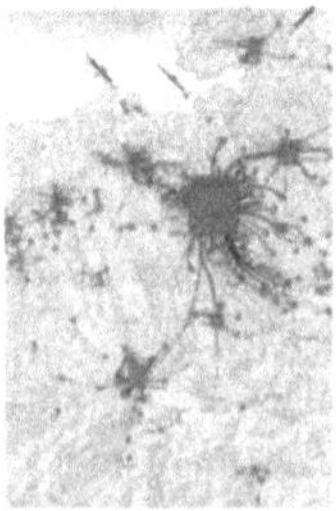

Tagespendler 1960. 1:500 000
Ausschnitt aus Tafel 33.
(Imhof, Eduard O 33)

Anhang: Biographie und Bibliographie

Bibliographie der Arbeiten von Eduard Imhof

Die Werke sind chronologisch geordnet.
Titel oder Wörter können über das Menü "Edit" - "Find in Page..." gesucht werden.

Bibliotheksabkürzungen

- Atlanten
- Karten
- Wandkarten
- Panoramen, Vogelschaubilder, Bildkarten
- Reliefs (dreidimensionale Bergmodelle), Globen
- Bücher und Aufsätze
- Herausgeber oder Mitherausgeber
- Festschriften und Erinnerungswerke
- Verzeichnisse der Werke und der Lebensdaten von Eduard Imhof
- Film

Reliefs (dreidimensionale Bergmodelle), Globen

Beschrieben hat Eduard Imhof die Arbeit an seinen Reliefs im Buch "Bildhauer der Berge / Sculpteurs de montagnes", 1981.

Mürtschenstock 1:10 000
Aufgestellt: Kartographisches Institut und Geologisches Institut der ETH-Zürich, Schweizerisches Alpines Museum, Bern, Naturwissenschaftliche Sammlungen der Stadt Winterthur, Ortsmuseum Erlenbach, Bundesamt für Landestopographie, Wabern-Bern, und zwar unbemalt, naturähnlich bemalt und geologisch bemalt.
Masse: 45 x 29 x 17 cm.
Modelliert 1920-1922.

Uetliberg 1:10 000
In verschiedenen Ausführungsformen. Siehe dazu die Abbildungen im Buch: "Gelände und Karte".
Aufgestellt im Kartographischen Institut der ETH-Hönggerberg

Grosse Windgälle 1:2 000
Aufgestellt: ETH-Hönggerberg, HIL-Gebäude, Zürich, Schweizerisches Alpines Museum, Bern, Naturwissenschaftliche Sammlungen der Stadt Winterthur
Masse: 310 x 165 x 110 cm.
Erstellt 1937-1939.
N 2 / N 3

B. Von der Verfilmung über die Digitalisierung zur "Virtual Library Eduard Imhof" im Internet

Die Kartensammlung der ETH Zürich befasste sich seit geraumer Zeit mit dem Gedanken, Erfahrungen im Digitalisieren von wertvollem Kartenmaterial zu sammeln. Als im Frühsommer 1997 in der Graphischen Sammlung der ETH eine umfangreiche Ausstellung über das Schaffen von Eduard Imhof stattfand, ergab sich eine gute Gelegenheit, diese äusserst wertvollen Originaldokumente aus Sicherheitsgründen zu verfilmen und zu digitalisieren und daraus für die breite Öffentlichkeit eine „Virtual Library Eduard Imhof" zusammenzustellen. Da mit diesem Projekt bibliothekarisches Neuland beschritten wurde, möchten wir mit diesem Artikel die Erfahrungen und Schlüsse aus dieser Digitalisierung und der Aufarbeitung zu wissenschaftlich hinterlegten Bilddokumenten aufzeichnen, damit sie bei ähnlichen Projekten nutzbringend einbezogen werden können. Mit diesem Projekt wurden mehrere Ziele anvisiert:

- Die Verfilmung und Digitalisierung als Sicherheits- und Nutzungskopie zum Schutz der wertvollen Originaldokumente des Kartographen Eduard Imhof
- Ein Angebot der Imhof-Dokumente im Internet als wissenschaftlich-thematische „Virtual Library Eduard Imhof" mit Bild- und Kartenbeispielen und einem Nachweis seiner Werke
- Die Produktion von thematischen Produkten auf CD-ROM (Imhof-Dokumente, Kartographiegeschichte, Lehrmittel etc.)

1. Planung und Vorarbeiten

- **Die Initiierung:**
  Die Ausstellung „Eduard Imhof, Künstler und Kartograph" in der Graphischen Sammlung im Frühsommer 1997 bringt uns die Idee, von den wertvollen Originalen Sicherheitsverfilmungen machen zu lassen und Erfahrungen im Digitalisieren zu sammeln. Frau Viola Imhof, die Witwe von Eduard Imhof, bietet uns ihre Mithilfe an. Der Bezug, den sie zum Werk ihres Mannes hat, sind ideale Voraussetzungen für dieses Projekt.

- **Fotografieren der Ausstellung „Eduard Imhof, Künstler und Kartograph"**:
  Extrem grosse Dokumente, wie etwa das Windgällenrelief, werden in der Graphischen Sammlung der ETH durch einen Profi-Fotografen aufgenommen. Einige Stimmungsbilder der Ausstellungsräume dienen später für die Internet-Bearbeitung.

- **Entgegennahme der Originaldokumente:**
  Nach Ende der Ausstellung werden die Originale durch Frau Viola Imhof der ETH-Bibliothek übergeben als Legat ihres verstorbenen Ehemannes. Nach Abschluss dieses Pilotprojektes werden die Dokumente in den Wissenschaftshistorischen Sammlungen (WHS) der ETH-Bibliothek aufbewahrt.

- **Sichten und Ordnen der Dokumente**
  Viola Imhof ordnet die Dokumente nach Themenbereichen. Für jedes Dokument wird eine Legende geschrieben, die den Autor, den Titel, das Jahr, die Art des Dokumentes und deren Größe und besondere Bemerkungen enthält.

2. Externe Verfilmung und Digitalisierung

- Die **Sicherheitsverfilmung** wird in zweifacher Ausführung auf Ilfochrome Micrographic, einer Makro-Fiche im Format von 10 x 15 cm vorgenommen. Das Micrographic-Verfahren verspricht eine weit längere Lebensdauer als die herkömmlichen Filme. Es wird von einer Haltbarkeit von 200-300 Jahren gesprochen. Signatur und Legende müssen mitgefilmt werden.

- Die **Digitalisierung** wird aus Gründen der Kosten, der Handlichkeit und der Schonung des Originals ab Micrographic-Fichen anstatt ab dem Originaldokument erfolgen. Sie ist in zwei verschiedenen Auflösungen vorzunehmen, in hoher Auflösung von ca. 700 dpi (für Rückreproduktionen und Auswertungen mit hohem Qualitätsanspruch) und in niedriger Auflösung von ca. 75 dpi für die Darstellung im Internet (der Aufbau der Bilder mit einer hohen Auflösung würde im Internet viel zu viel Ladezeit beanspruchen). Die niedrige Auflösung gewährleistet zudem, dass die Dokumente nicht ab Internet vermarktet werden können. Die Datenspeicherung erfolgte auf 24 CDs.

3. Nachbearbeitung der digitalen Dokumente

- Die **Korrekturen** werden im Bildbearbeitungsprogramm „Adobe Photoshop" vorgenommen: Die Bilder werden geöffnet, wenn nötig gedreht, ausgeschnitten und von der Legende getrennt.

- **Farbkorrekturen**
  Schwieriger ist es Farbkorrekturen vorzunehmen. Viele Faktoren haben das digitale Ergebnis beeinflusst. So trägt die weisse Farbe des Papiers viel zum Farbeindruck bei. Da die Originaldokumente zum Teil mehr als 70 Jahre alt sind, ist das Papier nicht mehr weiss, sondern gelb, dunkelgrau bis braun. Beim Betrach-

ten der Originale korrigiert der Betrachter diese Verfärbungen möglicherweise etwas oder erkennt, dass es sich um vergilbte Papiere handelt, was er beim Betrachten am Computer nicht macht. Bei der Korrektur wird versucht, sowohl ein gefälliges Bild zu erzeugen als auch nahe an das Original heranzukommen. Dies ist deshalb nicht ganz einfach, weil ein stark verkleinertes Bild einen anderen Gesamteindruck hinterlässt als das Original. Deshalb werden gelegentlich nur Ausschnitte gezeigt.

Die Korrekturen werden im „Photoshop“ vor allem mit den Funktionen „Farbbalance“, „Helligkeit/Kontrast“ und „Selektive Farbkorrektur“ vorgenommen und zwar jeweils für das ganze Bild, nicht nur für einzelne Partien, was ein Grafiker ohne weiteres ausführen könnte. Wem nicht eine so kompetente Unterstützung wie Viola Imhof zur Seite steht, dem sei empfohlen, im Buch von Eduard Imhof „Kartographische Geländedarstellung“ das Kapitel 4 zu lesen, das eine einfache, nicht zu umfangreiche Farbenlehre beinhaltet.

- Es ist zu beachten, dass wir in der Farbgebung nur von der eigenen PC-Infrastruktur ausgehen; wie das Bild dann beim Internet-Empfänger aussieht, hängt ganz von der Ausrüstung seiner PC-Installation ab.

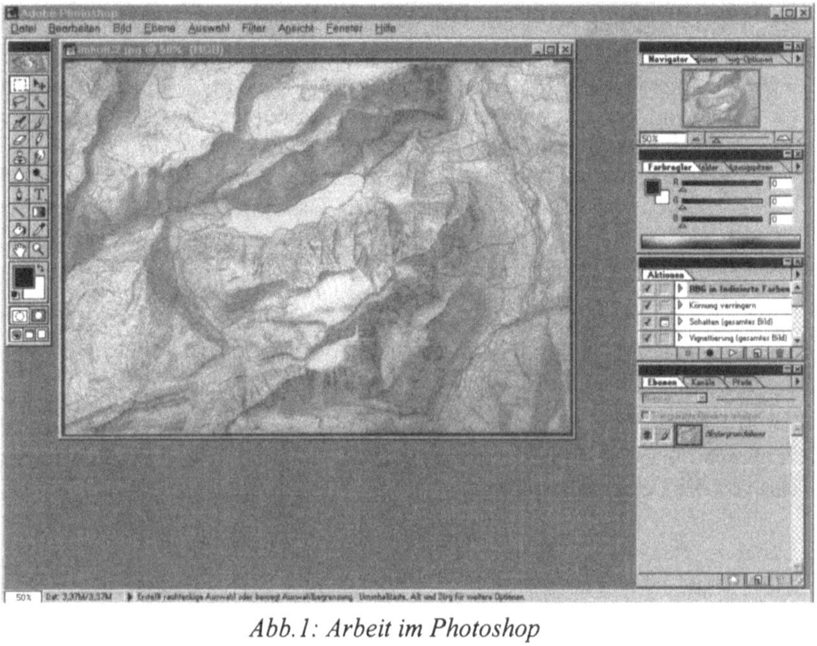

Abb.1: Arbeit im Photoshop

4. Die Internet-Bearbeitung

Zur Präsentation der Imhof-Dokumente im Internet braucht es eine „Homepage“, also eine gestaltete Seite, welche eine Zieladresse im WWW hat. Die Homepage wird mit der Sprache „HTML“ geschrieben. Mit Codes in < > wird der Charakter der jeweiligen Information definiert (Titel, Text, Bild, Abschnitt usw.). Um das aufwändige Schreiben dieser Befehle (Anfangs- und Endzeichen) zu umgehen, verwendet man heute eine Software, auf der die Codes mit Mausklick eingefügt und die Informationen zwischen Anfangs- und Endcode geschrieben werden können.

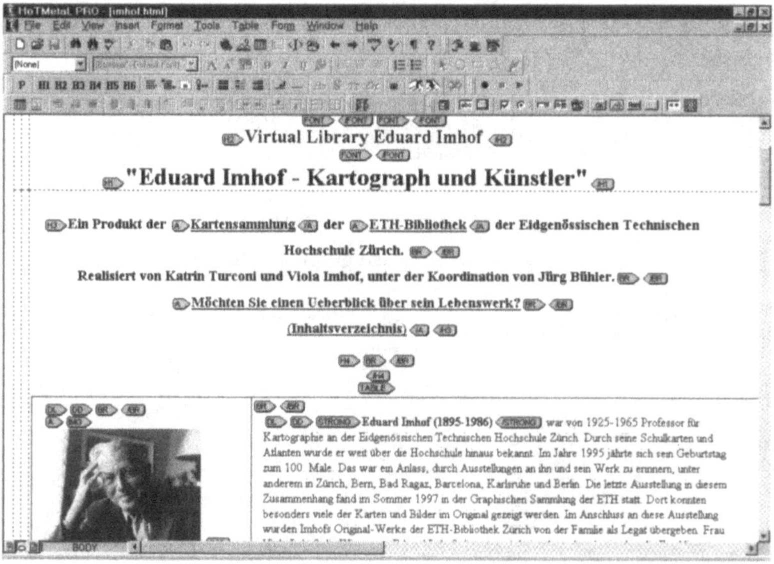

Abb.2: Arbeit im HotMetal

Die im „Photoshop“ bearbeiteten Bilder werden ins „HotMetal“ importiert und mit dem Legendentext zusammengefügt, welchen wir aus der Legendenliste kopieren und neben dem entsprechenden Bild einfügen. Es entsteht eine katalogartige Darstellung von Bild und Text. Die Bilder werden mit Hilfe des Rechners prozentual verkleinert. Pro Internet-Seite zeigen wir nur etwa 6 Bilder. Damit erreichen wir, dass der Aufbau einer Internet-Seite nicht zu lange dauert. Jedes Katalogbild kann angeklickt werden und es erscheint das gleiche Bild, jedoch in einem größeren Format: Wir erstellen einen „link“, wie es in der PC-Sprache heisst. Auch die einzelnen Seiten werden untereinander verbunden. Die fertig gestalteten Seiten werden anschließend mit einer andern Software ins WWW geladen und mit einem Mausklick kann die ganze Welt unsern berühmten Kartographen und Künstler ansehen.

5. Die Gestaltung der Webseiten

Nun gilt es, das umfangreiche digitale Material in einen grösseren Zusammenhang zu bringen. Viola Imhof erarbeitet eine thematische Struktur, welche in 12 Kapitel gegliedert wird, einschließlich eines ausführlichen Lebenslaufs und einer umfangreichen Bibliographie.
Bei der Auswahl der Bilder sind solche bevorzugt worden, die sich farblich gut abbilden lassen und auch Bezug zur Kartographie im weitesten Sinne haben (Felsen, Gletscher, vogelschauartige Bilder). Die Gliederung der Abbildungen ist zum Teil chronologisch, zum Teil kartographisch und/oder thematisch, zum Teil biographisch. Imhofs bevorzugte Techniken sind Bleistift und Aquarell, sein Hauptmotiv die Landschaft und die Berge.

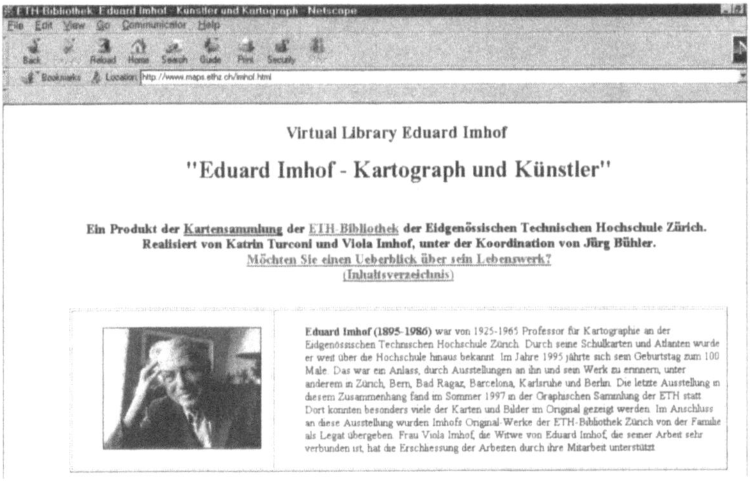

Abb. 3: Web-Seite "Virtual Library Eduard Imhof" im Internet

Wichtig ist das Inhaltsverzeichnis, welches gleich zu Anfang der ersten Seite angeklickt werden kann und auch von jeder andern Seite aus zugänglich ist. So ist es möglich, einzelne Kapitel anzuschauen. Viola Imhof hat jedes Kapitel mit einer Einleitung versehen, die notwendige Informationen für das Verständnis der Abbildungen und den Hintergrund von Imhofs Arbeiten enthalten.

Einige Kapitel ergänzen wir durch selbst eingescannte Bilder. Die Erfahrungen mit dem Scannen bringen neue Aspekte in das Projekt:
Die Farben der selbst gescannten Bilder kommen zum Teil näher an das Original heran als die Scans, welche ab Micrographic-Film gemacht wurden. So ist es vielleicht ratsam, bei weniger wertvollen Dokumenten oder kleineren Formaten direkt ab Vorlage zu scannen und nicht über den Umweg ab Micrographic-Dia.

Die **Biographie** ist in Tabellenform gestaltet. Von hier aus besteht ebenfalls die Möglichkeit, ganze Kapitel oder einzelne Bilder aufzurufen.

Die **Bibliographie** ist chronologisch geordnet und in Atlanten, Karten, Wandkarten, Vogelschaubilder und Panoramen, Bergreliefs, Bücher und Zeitschriftenaufsätze, Herausgeberschaft und Sekundärliteratur aufgeteilt. Titel oder Wörter können über das Menü „Find in page“ gesucht werden. Wir haben auf eine möglichst übersichtliche Darstellung Wert gelegt.

Um Imhofs Werke noch besser zu erschliessen, hat Viola Imhof die enorme Arbeit auf sich genommen, sämtliche Signaturen der zürcherischen Bibliotheken zu eruieren, so dass die Werke problemlos bestellt werden können. In zürcherischen Bibliotheken ist Imhofs Gesamtwerk zur Zeit zu 95 % vorhanden und zugänglich. Im Weitern ist es auch möglich Adressen wie z.B. Alpines Museum anzuklicken, um mehr Informationen zu dieser Adresse zu erhalten wie Straße, Telefonnummer und Öffnungszeiten.

Vom vorhandenen digitalen Material sollen künftig Zusammenarbeit mit interessierten Fachleuten einige CD's gestaltet und produziert werden:

- als Zeitdokument und als wichtiges Kapitel in der Kartographiegeschichte
- als Lehrmittel für Studentinnen und Studenten

6. Fazit

- **Ausgangslage**
  Die Ausstellung in der Graphischen Sammlung über das Schaffen von Eduard Imhof als Künstler und Kartograph bot uns eine gute Gelegenheit, Erfahrungen im Bereich der Digitalisierung von Kartenmaterial zu sammeln. Gleichzeitig konnten die zum Teil über 70 Jahre alten Dokumente in Form von Micrographic-Dias gesichert werden. Die Mithilfe von Frau Viola Imhof, ihr Bezug zum Werk ihres Mannes und ihre Unterstützung bei der visuellen Bearbeitung der digitalen Dokumente waren für uns ideale Voraussetzungen für das gute Gelingen des Projektes.

- **Digitalisierung**
  Um die wertvollen Dokumente zu schonen, wurde die Digitalisierung nicht direkt vom Original gemacht, sondern über den Umweg der Sicherheitsverfilmung. Eine Digitalisierung ab Original wäre zudem viel teurer gewesen, da die meisten Dokumente grösser als A3 sind.

- **Technische Ausrüstung**
  Die Kartensammlung der ETH-Bibliothek ist in der komfortablen Lage, über technische Einrichtungen verfügen zu können, welche für die Durchführung dieses Projektes notwendig waren, so dass nur der Bereich der Verfilmung und der Digitalisierung an auswärtige Lieferanten vergeben werden musste.

- **Farbgestaltung**
  Die grösste Herausforderung war die farbliche Bearbeitung des digitalen Materials. Ein gefälliges Bild zu erhalten, das sich mit dem Original einigermassen vergleichen lässt, war oft ein langwieriger Prozess. Viola Imhofs Erfahrungen mit Farbabstimmungen und Kenntnisse der Farbenlehre waren ausserordentlich hilfreich.

Die wichtigsten Erfahrungen in Kürze

- Für eine Sicherheitskopie gedruckter Dokumente ist die Verfilmung auf Archivfilm die beste Lösung.
- Die Digitalisierung ab Mikrofilm schont die wertvollen Dokumente und ist bedeutend billiger als die Digitalisierung ab großformatigen Papierdokumenten.
- Mit der Digitalisierung ab Mikrofilm wird das Problem des Scannens von Großformaten umgangen.
- Farbkorrekturen sind v.a. bei der Digitalisierung über den Mikrofilm notwendig, falls die richtigen Farbnuancen für die Darstellung wichtig sind.
- Die Farbtreue ist bei einem direkten Scannen ab Papieroriginal in der Regel größer.
- Bilddokumente brauchen viel Speicher- und Ladezeit im Internet. Unkomprimierte Tif-Formate sind in komprimierte Bilder im Jpg-Format umzuwandeln.
- Die Bilddokumente sind im Internet vorzugsweise zweistufig zu gestalten: Die thematisch zusammengestellten Dokumente in Kleinformat können durch Anklicken vergrößert werden.
- Um die Datei kleiner zu halten, muss die Verkleinerung der Bilder im Graphikprogramm (nicht im Internet-Editor) vorgenommen werden.

E. Elektronische Indexblätter und Kartenrecherche

ViaMondo
Prototyp eines elektronisch-graphischen Kartenkatalogs

Iris-D. Stramiello-Schmidt

1. Einleitung

Im Jahre 1969 übertrug die Deutsche Forschungsgemeinschaft (DFG) der Staatsbibliothek Preußischer Kulturbesitz zu Berlin das Sondersammelgebiet „Topographische Karten". Seitdem erwirbt die Kartenabteilung die Karten in breitem Umfang. Über die vorhandenen Karten und die Neuzugänge informieren konventionelle Katalogeintragungen und Bestandsverzeichnisse in gedruckter Form (letzte Ausgabe 1993). Hinzu kommen Indexblätter für die tägliche Arbeit der Erwerbung und Benutzung.

Angesichts des weiteren Anwachsens der Bestände und der Bedeutungszunahme digitaler Informations- und Kommunikationstechnik in der Kartenbibliothek verfolgte der damalige Leiter der Kartenabteilung, Lothar Zögner, 1996 die Überlegung, mit Hilfe dieser modernen Technologien eine elektronische Aufbereitung der Verzeichnung und vor allem einen benutzerfreundlichen und zeitgemäßen Zugang zu entwickeln.

In Zusammenarbeit mit dem Fachgebiet Geoinformatik der Universität Potsdam beauftragte die Kartenabteilung der Staatsbibliothek zu Berlin die Kartographin Iris Schmidt (Aufbereitung der entsprechenden Materialien – Scannen, Generierung der Datenbank, Erzeugung der Hilfe u.a.) und den Informatiker Olaf Stramiello (Softwareentwicklung) mit der Durchführung eines entsprechenden Projektes.

Ein Prototyp des Katalog- und Auskunftssystems „ViaMondo" konnte anlässlich der 10. Konferenz der LIBER Groupe des Cartothécaires im September 1996 präsentiert werden. Die von der Kartenabteilung gewünschte Weiterentwicklung des Prototyps kam leider nicht zustande. Mit diesem Prototyp, der Gegenstand der nachfolgenden Ausführungen ist, wurde zum damaligen Zeitpunkt Neuland betreten und erstmals die Grundidee einer elektronisch-graphischen Form des Kartenkatalogs vorgestellt.

2. Das Projekt

Das Programm ViaMondo verwaltet die amtlichen topographischen Karten der Erde, die in der Staatsbibliothek inventarisiert sind. Es wurde entwickelt, um die bisherige

Form der Katalogrecherche durch die Anwendung modernerer Technologie zu ergänzen bzw. zu ersetzen. Dabei ermöglicht der Einsatz rechnergestützter Verfahren dem Benutzer insbesondere, durch graphische Anzeige der Karten einen schnelleren und einfacheren Zugriff auf die gewünschten Informationen.

Aus diesem Ansatz heraus ist der Name des Programmsystems entstanden: „ViaMondo" – Weg und Welt. Denn für den Benutzer erschließt sich das System als ein Weg, auf dem er von der Erdübersicht zu den Kontinenten, zum jeweiligen Land und schließlich zu den entsprechenden Karteneinträgen gelangt.

ViaMondo wurde 1996 für das seinerzeit verbreitete Microsoft-Betriebssystem Windows 95 entwickelt. Die Benutzeroberfläche entsprach dem damals gängigen Standard. Das Programm wurde dabei so konzipiert, dass auch ungeübte Computeranwender leicht mit dem Programm umgehen konnten.

Projektstufen

Zum damaligen Zeitpunkt waren folgende Projektstufen mit den dazugehörigen Arbeitsschritten vorgesehen:

Erste Stufe (Pilotphase)

- Scannen der gelieferten politischen Karten
  - Weltkarte
  - Kontinentkarte (hier: Europa)
  - Kartenausschnitte für die Hilfe (Maßstabsreihe)
- Aufbereitung der gelieferten Daten (Inventarliste der Karten)
  - Erzeugung einer DB mit der Tabelle zu den „Karteneinträgen"
  - Problem der Sonderzeichen
- Setzen bzw. Erzeugen der Anklickpunkte
  - auf der Bitmap (Weltkarte und Kontinentkarte)
  - Erzeugen einer Datenbank (DB) mit Tabelle „Anklickpunkte"
- Bearbeitung der Hilfe
  - Programmbenutzung
  - Fachliche Einweisung in das Kartenlesen
  - Glossar der verwendeten Abkürzungen
- Design des eigentlichen Programms mittels MS C++
  - Zerlegung in Objekte
  - Generierung der Benutzeroberfläche
- Implementierung
  - Objekte

Zweite Stufe (Pilotphase)

- Scannen der restlichen gelieferten Karten
  - Kontinentkarten (Nord-, Mittel- und Süd-Amerika, Afrika, Asien, Australien-Ozeanien)
- Setzen bzw. Erzeugen der Anklickpunkte
  - auf den entsprechen Bitmaps (Kontinentkarten)
  - vollständige Anbindung der DB (Erweiterung der DB mit den hinzugekommenen „Anklickpunkten")
- Erzeugung eines Setup-Programms mit Installations-Disketten bzw. –CD

Dritte Stufe

- Zusatzinformationen werden in einer eigenen Tabelle der DB als „Zusatz" angelegt. Die Sätze in der Tabelle „Karteneinträge" der DB, die Zusatzinformationen haben, werden gekennzeichnet („Flag"). In dem DB-Fenster erscheinen die Sätze des vorher gewählten Landes der Tabelle „Karteneinträge". Mit der Maus kann man nun den Datensatz wählen, der ein „Häkchen" hat und es erscheinen die Sätze der Tabelle „Zusatz", die zu diesem Satz erfasst worden sind
- weitere Tabellen lassen sich in der DB anlegen und über eine Auswahl anzeigen
- Fortführung der DB mit Tabelle „Karteneinträge" über eigenständiges Programm

3. ViaMondo

Nachfolgend wird die Programmbedienung vorgestellt. Zuerst muss der Benutzer das Rechnersystem nebst Programm natürlich starten, z.B. durch einen Doppelklick auf das Programm Icon auf dem Desktop seines Computers findet.

Abb. 1: Programm Icon

Nun erscheint das Hauptfenster mit der bereits geladenen Weltkarte. Mittels der Weltkarte wählt der Benutzer den Kontinent aus (hier im Bild Europa). *Anmerkung: Für den Prototyp ist nur der Kartenbestand Europas aufgenommen worden.*

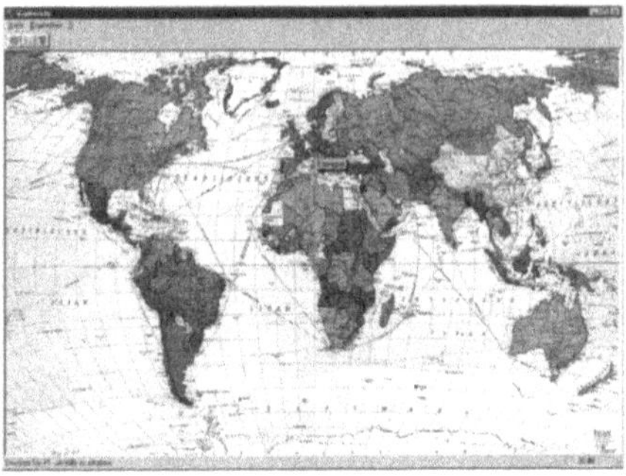

Abb. 2: Hauptfenster von ViaMondo mit geladener Weltkarte

Bleibt man mit der Maus kurz über einem Kontinent stehen, so erscheint neben dem Mauszeiger ein kleines Infofenster (ToolTip) mit dem Namen des darunterliegenden Kontinents.

Abb. 3: ToolTip

Durch anschließendes Klicken der linken Maustaste wird die entsprechende Kontinentkarte geladen und im Hauptfenster angezeigt.

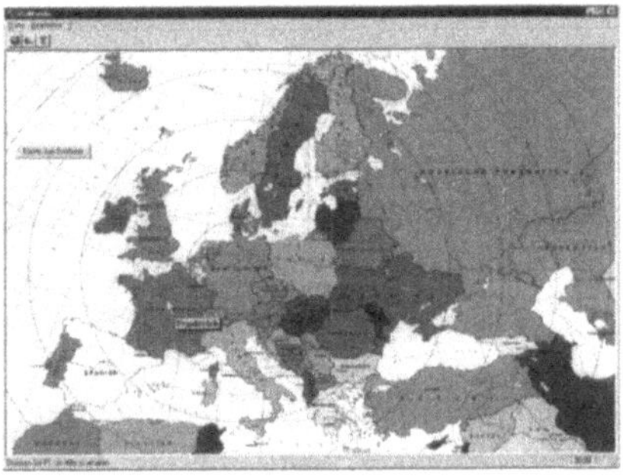

Abb. 4: Hauptfenster von ViaMondo mit geladener Kontinentkarte (hier Europa)

Mittels der Kontinentkarte wählt der Benutzer das Land aus (exemplarisch: Frankreich). Verweilt der Nutzer erneut mit der Maus kurz über einem Land, erscheint wie zuvor – ein kleiner ToolTip, in dem der Name des darunterliegenden Landes angezeigt wird. Klickt man anschließend die linke Maustaste, so werden die Karteneinträge des darunterliegenden Landes geladen und im Datenfenster angezeigt.

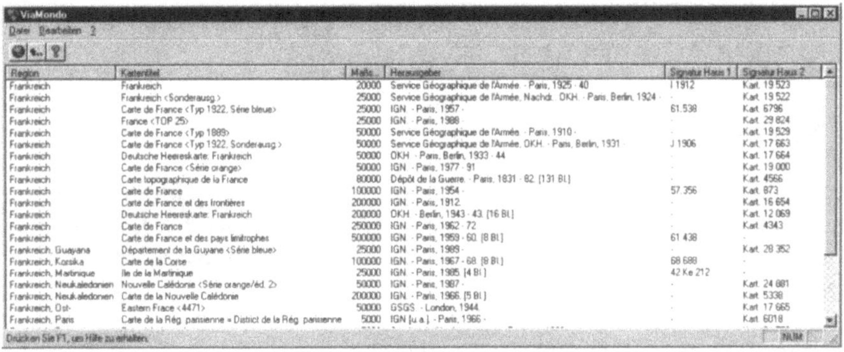

Abb. 5: Hauptfenster von ViaMondo mit Karteneinträgen (hier von Frankreich)

Über die Funktionsleiste (ToolBar) kann der Benutzer entweder eine Ebene zurück springen (also hier nach Europa) oder zur Weltkarte gelangen.

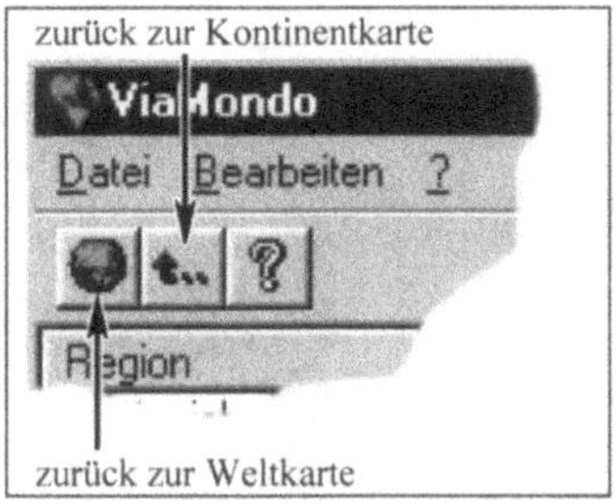

Abb. 6: ToolBar

Dies war die damalige Funktionalität des Programms, die in der Pilotphase (1. Stufe) realisiert werden konnte. Der funktionsfähige Prototyp wurde der internationalen Fachöffentlichkeit auf der LIBER-Tagung im September 1996 erstmals präsentiert.

In weiteren Ausbaustufen wurde eine schrittweise Realisierung eines Vollprodukts konzipiert. Zunächst sollten in einer anschließenden 2. Stufe der Pilotphase die Karten der restlichen Kontinente und deren Länder in die Datenbank aufgenommen werden. In einer nachfolgenden 3. Stufe sollten dann Zusatzinformationen zu bestimmten topographischen Karten mit abgelegt werden, z. B. ein Kartenausschnitt (als jpg-Bild zur besseren visuellen Vorstellung) oder sonstige textliche Hinweise, z. B. zum Herausgeber. Schließlich wurde angestrebt, ein produktspezifisches Datenbank-Modul zu entwickeln. Dies hätte der Kartenabteilung die Möglichkeit verschafft, neu hinzugekommene Kartenbestände direkt in die Datenbank einzugeben und das Programm somit automatisch aktualisieren zu können.

Eine über den Prototyp hinausgehende Realisierung dieses wegweisenden Vorhabens ist leider nicht zustande gekommen.

4. Entwicklung

Das Programm ViaMondo wurde mit MS Visual C++ auf Basis der MFC (Microsoft Foundation Classes, die Klassenbibliothek von Microsoft) und den Konzepten der Single Document Interface (SDI) und der damit verbundenen Document/View Architektur entwickelt.

Programme, die unter Verwendung der SDI entwickelt werden, sind dadurch gekennzeichnet, dass zu einem beliebigen Zeitpunkt stets nur ein Dokument bearbeitet werden kann. Die Document/View Architektur von Microsoft sieht daher vor, dass die Daten im Dokument gehalten und im View, der Ansicht, dargestellt werden (Abb. 7).

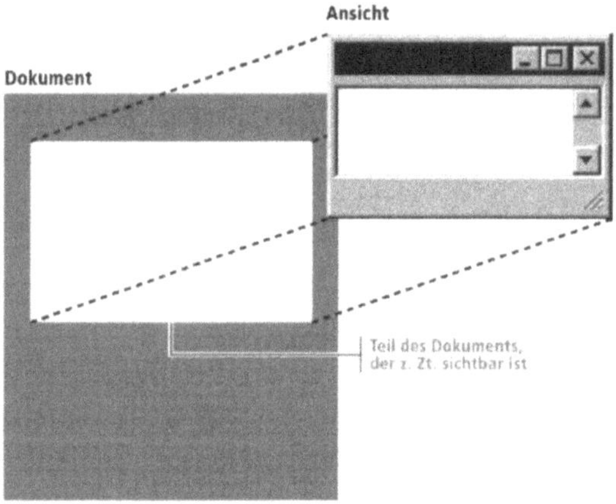

Abb. 7 Microsofts Document/View Architektur

Die Standardimplementierung der Document/View Architektur in der MFC ist daher für die Erfordernisse von ViaMondo angepasst worden. In der Standardimplementierung ist festgelegt, dass es zu jedem Dokument immer nur eine Ansicht geben kann. Die in ViaMondo realisierte Implementierung sieht hingegen vor, dass es zu einem Dokument beliebig viele Ansichten geben kann. Allerdings kann zu einem Zeitpunkt immer nur jeweils eine Ansicht aktiv bzw. sichtbar sein. Wird von einer Ansicht zur nächsten geschaltet, so wird die vorherige Ansicht deaktiviert und die neue Ansicht aktiviert, also sichtbar.

Systemkonzept

Bereits in der Konzeptionsphase von ViaMondo wurde großer Wert auf eine intuitive und ansprechende Bedienung des künftigen Vollsystem gelegt. Aus dem Umstand, dass es sich bei den aufzunehmenden topographischen Karten um Karten aus nahezu der ganzen Welt handelte, ergab sich die Idee, eine dreifach gestaffelte, visuell orientierte Benutzerführung zu entwickeln.

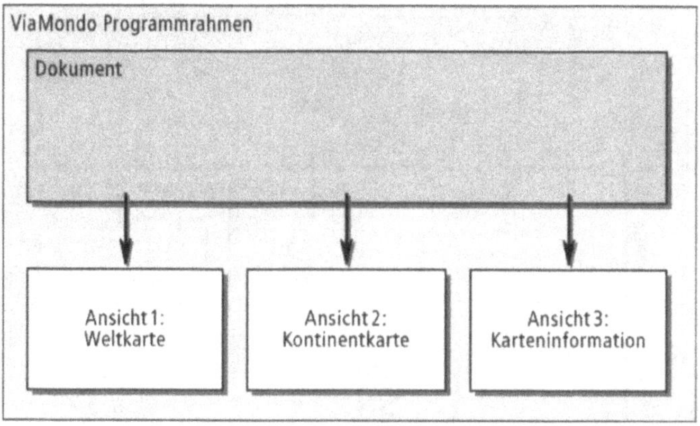

Abb. 8 Aufbau von ViaMondo

Damit war der grundsätzliche Aufbau von ViaMondo festgelegt. Es fehlte aber eine Definition, in welcher Art und Weise die Daten der topographischen Karten gespeichert werden sollten. Da ViaMondo mit großen Datenmengen umgehen können musste, war von Anfang an klar, dass eine Datenbank zum Einsatz zu kommen hatte. Da es für ein MFC-Programm unkompliziert ist, Daten aus einer Access-Datenbank zu lesen bzw. zu schreiben, fiel die Entscheidung auf MS Access.

Es wurde entschieden, dass die kartographische Darstellung der Welt- bzw. Kontinentkarten in Form von Bitmaps erfolgen sollte, da dieses Format von MFC-Programmen sehr leicht zu behandeln ist. Wie bereits oben beschrieben, sollte der Benutzer mit der Maus einen Kontinent bzw. ein Land auswählen können. Innerhalb von ViaMondo musste von einer Mausposition also eindeutig auf einen Kontinent bzw. ein Land geschlossen werden können. Diese Tatsache machte die Entwicklung eines weiteren Programms notwendig, mit dessen Hilfe sogenannte Regionen für die Welt- bzw. Kontinentkarten erzeugt und in separaten Dateien abgespeichert werden konnten. Diese Regionsdateien werden von ViaMondo zusammen mit der Welt- bzw. den Kontinentkarten eingelesen. Nun konnte für jede Mausposition eindeutig der dazugehörige Kontinent bzw. das dazugehörige Land ermittelt werden.

Allgemeine Einstellungen, wie z.B. den Pfad zu den Bitmaps der Welt- bzw. Kontinentkarten, der Regionsdateien und der Datenbank, werden in der Windows-Registry gespeichert und von ViaMondo von dort eingelesen.
Über das Dokument erhalten die Ansichten die Information, wo die Karte der Welt bzw. des Kontinents, die dazugehörigen Regionsdateien und die Datenbank gespeichert sind. In Abb. 9 wird der endgültige Aufbau von ViaMondo veranschaulicht.

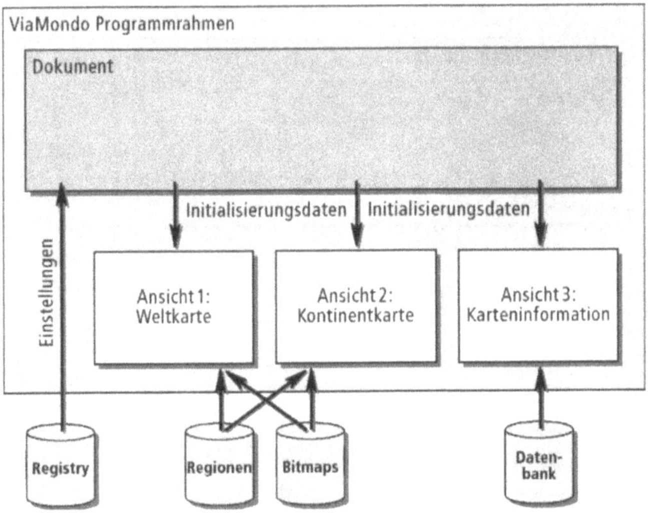

Abb. 9 Endgültiges Systemkonzept von ViaMondo

5. Schlussbemerkungen

In diesem Beitrag wurde der Prototyp eines graphikorientierten Katalog- und Auskunftssystems für die Kartenbibilothek vorgestellt. Diese Anwendung stellte zum damaligen Zeitpunkt (1996) den Stand der Technik dar, sie realisierte erstmals die Vorstellung von einer graphisch-elektronischen Form des Kartenkatalogs. Angesichts der in den letzten 5 Jahren erfolgten technologischen Veränderungen und der Entwicklung der Informations- und Mediengesellschaft würde ein heute konzipierter Prototyp diesen Bedingungen Rechnung tragen müssen.

Beispielsweise wäre es vom kartographischen Standpunkt aus zweckmäßiger, statt übernommener Kartenscans eigene Karten herzustellen, die nur die wichtigsten Informationen beinhalten und farblich eindeutig gestaltet sind. Ferner würde man etwa die Weltkarte so vereinfachen, dass nur die einzelnen Kontinente bzw. Teilkontinente farblich differenziert werden. Die Darstellung von topographischen Informationen (z.B. Städte, Gewässer usw.) würde man aus Gründen der besseren Lesbarkeit vereinfachen. Bei den Kontinentkarten sollte es sich um klassische politische Karten handeln, bei denen lediglich das Land und die entsprechende Hauptstadt dargestellt werden.

Vom softwaretechnischen Standpunkt aus ist abschließend zu bemerken: In den vergangenen Jahren wurden die einschlägigen Technologien stetig weiterentwickelt. Daher ließe sich heute mit Hilfe von COM, ADO und einer AddIn-Technologie ein System entwickeln, das offen für zukünftige Änderungen wäre, ohne am eigentlichen Hauptprogramm etwas ändern zu müssen. Allein über das Entwickeln eines AddIn und dessen Integration in das System wäre eine Erweiterung möglich. Darüber hinaus ließe sich das System unabhängig von einer bestimmten Datenbank weiter entwickeln.

Verweis-sensitive Indexblätter als Bestandsnachweis im Internet

Wolfgang Crom

Die Bedeutung von Indexblättern

Die Verzeichnung von Kartenserien in alphabetischen Bibliothekskatalogen führte bei Anwendung der Preußischen Instruktionen zur Bildung von Nestern, die durch die Ablage unter der herausgebenden Körperschaft bedingt waren. Je nach Bestand konnten die hier verzeichneten Titelkarten mehrere Kästen umfassen, die den Benutzer schnell zur Erschöpfung brachten, zumal verwaltungspolitische Kenntnisse vorausgesetzt wurden. Aber auch die ab 1985 zur Anwendung kommenden RAK-Karten, deren wichtigste Neuerung die grundsätzliche Ablage unter dem Hauptsachtitel bildet, führt in dieser speziellen Thematik zu keiner befriedigenden Lösung.

Demgegenüber vermittelt das Übersichts- oder Indexblatt einer Kartenserie dem Benutzer ein schnelles Zurechtfinden, es übernimmt die Funktion der räumlichen Orientierung im kleineren für die Fokussierung auf den größeren Maßstab. Es ist somit das geeignete Hilfsmittel für die Suche nach dem gewünschten Blatt der Serie. Ihr unmittelbarer Nutzen hierbei ist noch größer, wenn sie nicht nur das Gitternetz der Kartenserie wiedergeben, sondern auch einzelne topographische Informationen, wie z. B. die Lage und Bezeichnung des Namen gebenden Ortes, Verwaltungsgrenzen oder das Gewässernetz unterlegt sind. Sie helfen also bei der Recherche, aber auch insofern, indem der Bearbeiter einen sofortigen Überblick über den Stand der Fortführung gewinnt. Deswegen sind sie in den Kartensammlungen für die tägliche Arbeit nicht zu entbehren.

Die Indexblätter können farblich markiert werden, um den Bestand der Sammlung festzuhalten. Die verschiedenen Ausgaben insbesondere bei topographischen Serien (Erscheinungs- bzw. Ausgabejahr, mit oder ohne Wanderwege, Schummerung, mehrfarbige oder einfarbige Arbeitsausgabe) werden in der Regel jedoch nicht erfaßt. Die in den Feldern verzeichneten Blattnummern dienen der Identifikation, die mit der Ablage der Karten korrespondiert. Die graphische Verzeichnung von Kartenserien übernimmt somit besondere Katalogfunktionen.

Das Internet-Projekt

Mit der erfolgreichen Einführung des WWW in das Bibliothekswesen stellte sich für die Mitarbeiter der Kartensammlung der Württembergischen Landesbibliothek[1] bald die Frage nach dem Einsatz des neuen Mediums, der über beschreibende Hinweise zu Inhalt und Aufbau der Sammlung hinausgehen sollte. Insbesondere die Möglichkeit der Einbindung und Darstellung von Graphiken weckte das Interesse, dieses auch in irgend einer Form für Karten auszunutzen. Es war dabei zunächst weder an der Präsentation der Karten selbst gedacht, was bei modernem Material aus urheberrechtlichen Gründen ohnehin nicht möglich war, noch am Aufbau einer eigenen Kartendatenbank. Vielmehr galt es die örtlichen technischen Gegebenheiten auszunutzen. Daraus ergab sich die Überlegung dem Sammelschwerpunkt entsprechend eine räumlich-thematische Vorauswahl zu treffen und zu Listen zusammengestellt als Bestandsnachweis im Internet zu präsentieren (Crom, 1999).[2]

Indexblätter im Internet

Als eine der Pflichtexemplarbibliotheken des Landes Baden-Württemberg sollte auch das umfangreiche, amtliche topographische Kartenmaterial in diesem Bestandsnachweis integriert sein. So wurden die einzelnen Blätter der Kartenwerke ebenfalls in Listenform erfaßt und das dazugehörige Indexblatt als Graphik beigegeben. Jedoch sollte die Graphik nicht nur als Orientierungshilfe dargestellt werden, sondern zu einem echten Suchinstrument werden. Von verblüffender Einfachheit zeigte sich hier die Kombination von Indexblättern und Bestandslisten, die mit der HyperText-Markup-Language (html) für die Präsentation im Internet erzielt werden kann. Die Möglichkeit, jeden beliebigen Punkt einer Graphik als anklickbare Zone zu bestimmen und mit Informationen zu verknüpfen, die in anderen Dateien abgelegt sind, kam hier zur Anwendung: Jedes Quadrat des Blattschnitts wurde als sogenannte "hotzone" eingerichtet und mit der entsprechenden Stelle in der dazugehörige Liste verlinkt, die den Bestand an Ausgaben des Kartenblattes verzeichnet hält. Die Summe der als "hotzone" aktiven Bereiche wird mit "verweis-sensitiver" Graphik bezeichnet.

---

1 *Ohne die aktive Mithilfe meiner früheren Mitarbeiter Herrn Henning und Herrn Schnermann an der Württembergischen Landesbibliothek Stuttgart wäre es bei der Idee des Bestandsverzeichnisses im Internet geblieben, die nie zur präsentablen Ausführung gekommen wäre. Deswegen sei Ihnen an dieser Stelle herzlich gedankt.*

2 *Crom, Wolfgang (1999): Bestandsverzeichnis einer Kartensammlung im Internet. (Bibliotheksdienst 33 (1999), H. 4, S. 629-635) (URL: http://www.dbi-berlin.de/dbi_pub/bd_art/bd_99/99_04_07.htm)*

Das Indexblatt als verweis-sensitive Graphik

Mittlerweile bieten einige Landesvermessungsämter für die von ihnen vertriebenen Kartenserien Blattübersichten im Internet an, die möglicherweise als Grundlage übernommen werden könnten.[3] Zum Zeitpunkt des Projektbeginns jedoch mußte auf ein in der Württembergischen Landesbibliothek vorhandenes Arbeitsexemplar zurückgegriffen werden. Dieses wurde gescannt und anschließend mit einem Graphikprogramm bearbeitet. Neben der Datenkomprimierung wurde die Fläche nach den amtlichen Vorgaben für die Kartenserien (hier: blau = TK 50) eingefärbt. Für die Benennung der Graphik-Datei zeigte sich eine Kombination aus abgekürztem Geographikum und Maßstab als zweckmäßig: "bw50" für den amtlichen Blattschnitt von Baden-Württemberg im Maßstab 1:50.000. Wegen des Nutzens von relativen Pfadangaben bot sich die Ablage im selben Verzeichnis der übrigen Dateien der Kartensammlung an, die Ablage in einem zentralen Graphikordner ist aber ebenfalls denkbar.

Zunächst noch ohne komfortablem Editierprogramm mußten nun die Koordinaten für jedes anzuklickende Blattquadrat der Graphik ermittelt werden, was bei regelmäßigen, rechtwinkligen Blatteinteilungen nur ein rechnerisches Problem ist. Die so ermittelten "hotzones" waren mit der entsprechenden Datei bzw. der Stelle in der Datei zu verknüpfen. Dieser Vorgang wiederholte sich für alle einzelnen Blätter eines Kartenwerkes. Für die Kartenserie der Topographischen Karten 1:50.000 des Landes Baden-Württemberg waren es 75 plus Grenzblätter der Landesvermessungsämter aus Bayern (12), Hessen (2) und Rheinland-Pfalz (1), in summa 90 Blatt. Die Bezeichnungen der Zieladressen wurden dabei so gewählt, daß sowohl eine schnelle Identifikation der Serie und des Blattes als auch eine Ablage im selben Verzeichnis gewährleistet war, was die Verwaltung der Dateien erleichtert. Für ersteres wurden Abkürzungen gewählt, wie z.B. "tk" für Topographische Kartenserie, "50" für den Maßstab 1:50.000 oder "bw" für Baden-Württemberg, analog zum Dateinamen für die Graphik. Für die Dateiadresse genügte die Angabe des relativen Pfads.

Die Einrichtung einer "hotzone" für die ersten zehn Blätter der Topographischen Karte 1:50.000 Baden-Württembergs enthält beispielsweise folgende Elemente:

```
<area shape="rect" coords="152,2,198,48" href="bw50tk.htm#L6316">
<area shape="rect" coords="202,2,248,48" href="bw50tk.htm#L6318">
<area shape="rect" coords="252,2,298,48" href="bw50tk.htm#L6320">
<area shape="rect" coords="302,2,348,48" href="bw50tk.htm#L6322">
<area shape="rect" coords="352,2,398,48" href="bw50tk.htm#L6324">
```

---

[3] *Künftig lassen sich hier vielleicht Absprachen treffen und die Landesvermessungsämter stellen einheitliche und hochwertige Blattübersichten für die Erstellung verweis-sensitiver Indexblätter zur Verfügung.*

<area shape="rect" coords="152,52,198,98" href="bw50tk.htm#L6516">
<area shape="rect" coords="202,52,248,98" href="bw50tk.htm#L6518">
<area shape="rect" coords="252,52,298,98" href="bw50tk.htm#L6520">
<area shape="rect" coords="302,52,348,98" href="bw50tk.htm#L6522">
<area shape="rect" coords="352,52,398,98" href="bw50tk.htm#L6524">

Zunächst erscheint der Befehl für Form und Begrenzung einer "hotzone", in diesem Fall ein Viereck, durch "rect" gekennzeichnet. Anschließend folgen die Koordinaten des Vierecks und zwar in der Reihenfolge: obere linke Ecke von links, obere linke Ecke von oben, untere rechte Ecke von rechts, untere rechte Ecke von oben. Der zweite Teil enthält die Zieladresse als relative Pfadangabe mit den bereits erläuterten Abkürzungen. Das letzte Element der Zieladresse ist die Stelle innerhalb der Datei, an der die Informationen über das jeweilige Kartenblatt enthalten sind; eingeleitet durch das Zeichen "#" und durch die Blattnummer eindeutig bestimmt. Die entsprechenden Stellen ("anker") mit den Bestandsinformationen innerhalb der Zieldatei sehen unter Auslassung gestalterischer Elemente dabei folgendermaßen aus:

<a name="L6928">L 6928 Wassertrüdingen (BA.LVA)
L6928-1962 W
L6928-3.1977 MA, W
L6928-1981 W
L6928-1993 Schu, W
<a name="L7114">L 7114 Rastatt
L7114-1962 W
L7114-1974 Schu, W, WA
L7114-1977 Schu, W, WA
L7114-1983 W
L7114-1983 Schu, W, WA
L7114-1987 W
L7114-1987 Schu, W, WA
L7114-1992 Schu, W
L7114-1992 Schu, W, WA
L7114-1997 Schu, W
L7114-1997 Schu, W, WA
<a name="L7116">L 7116 Karlsruhe Süd [= Ettlingen]
L7116-1.1960 MA, W
L7116-1960 W
L7116-1974 Schu, W, WA
etc.

Neben der "anker"-Adresse, durch "name" eingeleitet, werden als sichtbare Information die Blattnummer und der Blattname genannt, gegebenenfalls mit weiteren Informationen wie früherer Blattname (hier: L7116 Karlsruhe Süd = ehemals Ettlingen) oder Zugehörigkeit zu einem anderen Landesvermessungsamt (hier: L6928 Wassertrüdingen, Bayern). In der Auflistung schließlich werden die Erscheinungsjahre und Ausgabebezeichnungen (W=Wald, WA=Wanderausgabe, Schu=Schummerung) der im Bestand vorhandenen Kartenblätter angezeigt.

Im Bestandverzeichnis der Württembergischen Landesbibliothek ist das Beispiel unter der URL http://www.wlb-stuttgart.de/referate/kartograph/bw50tki.htm aufzurufen. Der Dateiname des Indexblattes entspricht dabei dem Dateinamen mit den Bestandsinformationen, lediglich durch ein zusätzliches "i" für Indexblatt individualisiert *(Abb.1)*.

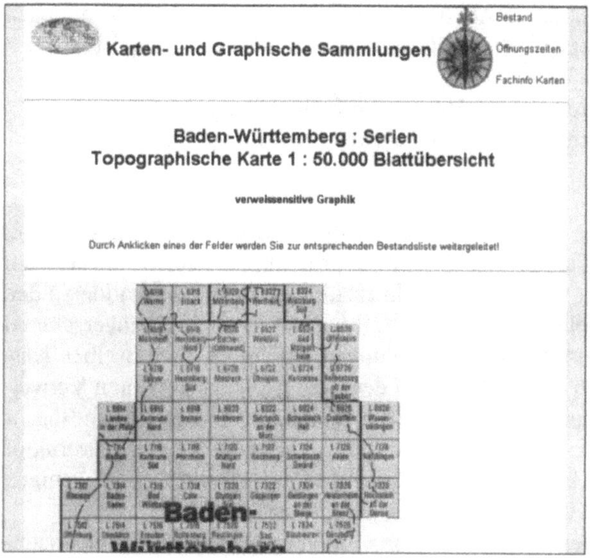

In der Anzeige erscheint das mit den "hotzones" referenzierte, verweis-sensitive Übersichtsblatt. Durch Anklicken des gesuchten Kartenblattes wird die entsprechende Stelle in der Liste des Bestandsverzeichnisses aufgerufen *(Abb.2)*.

Beide Seiten, sowohl die Seite des Indexblattes, als auch die Seite mit der Bestandsinformation haben in der Überschrift jeweils den Hinweis "Baden-Württemberg: Serien - Topographische Karten 1:50.000". Diese Information ersetzt dabei die Titelgrundaufnahme der Kartenserie und ist für den Benutzer völlig ausreichend.

Nutzen verweis-sensitiver Indexblätter

Bei der Einrichtung stellte sich heraus, dass eine einmal erstellte Graphik und die dazugehörige Datei für weitere Kartenserien desselben Maßstabs und desselben Blattschnittes in einfachster Weise zu nutzen sind. Für das vorliegende Beipiel Baden-Württemberg 1:50.000 sind im Bestand der Kartensammlung der Württembergischen Landesbibliothek dies die "Karte der Wasserschutzgebiete", die "Spezialkarte über den Stand der Flurbereinigung" und als bibliographisch gesondert ausgewiesener Bestand die "orohydrographische Ausgabe" der Topographischen Karte. Über Kopier- und Ersetzefunktionen konnten die neuen verweis-sensitiven Indexblätter problemlos erstellt werden. Zu ändern waren lediglich der Dateiname, die Überschrift und die Referenzierung in die neue Zieldatei. Letzteres wurde durch das Ersetzen der Abkürzung "tk" durch die Abkürzung "wsg", "skf" oder "oh" für die oben genannten Kartenserien in Sekundenschnelle automatisch erstellt, zum Beispiel:

```
<area shape="rect" coords="152,2,198,48" href="bw50wsg.htm#L6316">
<area shape="rect" coords="202,2,248,48" href="bw50wsg.htm#L6318">
etc.
```

Die Listen für die Zieldateien bedurften größerer Mühe. Neben der Zielinformation, die ebenfalls bequem mit Werkzeugen des Editierprogramms schnell einzurichten sind, mußten aber alle Blätter wiederum einzeln erfaßt und diese Information an den richtigen Stellen in den Dateien eingebunden werden. Ist diese Arbeit aber einmal geleistet, hätten vor allem andere Kartensammlungen, die im Besitz desselben Kartenwerkes sind, ihren Gewinn davon. Denn mit dem Kopieren des gesamten Verweisungsapparates und der Listenstruktur kann jede Sammlung dieses Bestandsnachweisinstrumentarium nutzen. Vorausgesetzt es wird dieselbe Verzeichnisstruktur (relative Pfade) angewandt, kann nach dem Aufrufen des Quelltextes in wenigen Schritten die Einrichtung der verweis-sensitiven Graphik erfolgen:
1. Kopie und Abspeichern der Graphik, 2. Kopie und Abspeichern der Verweisungen, 3. Kopie und Abspeichern der Zieldatei und 4. folgt die eigene Leistung, nämlich die Einarbeitung des eigenen Bestandes in die vorgegebene Liste. Selbstverständlich kann als letzter Punkt auch eine eigene Zieldatei erstellt werden, wie es in der Kartensammlung der ETH Zürich gemacht worden ist. Nach dem Kopieren und Abspeichern der einzelnen Bausteine auf dem eigenen Server, wurde eine eigene, kompaktere Darstellungsform der Bestandsübersicht gewählt[4].

---

4 *Siehe für das verweis-sensitive Indexblatt http://www.ethbib.ethz.ch/ks/index-bw50.html bzw. http://www.ethbib.ethz.ch/ks/tk50bw.html für die dazugehörige Bestandsliste.*

Ausblick

Mit den verweis-sensitiven Indexblättern im Internet hat die Württembergische Landesbibliothek Stuttgart erstmals ein unkonventionelles Suchinstrument für Kartenserien für das Internet aufbereitet. Der Nutzen liegt in der leichten Handhabung und vor allem in der Mehrfachnutzung eines einmal erstellten Indexblattes für weitere Kartenserien desselben Zuschnitts und für die Nachnutzung in anderen Kartensammlungen. Die Dateien und die enthaltenen Zieladressen sind so angelegt, daß bei der Übernahme nur geringfügige Nacharbeiten notwendig sind. Lediglich die Erstellung des Bestandsnachweises in Listenform ist die jeweilige individuelle Leistung. Diese Listenform bedingt allerdings einen entsprechenden Pflegeaufwand bei Neuzugängen. Deshalb wäre die Anbindung einer Datenbank wünschenswert. Auch hier ließen sich verschiedene Modelle denken, von einer Verbunddatenbank mit den regelwerkskonformen Titelaufnahmen bis zu einer lokalen Datenbank mit den wichtigsten Grundinformationen. Das Projekt hat zumindest gezeigt, daß mit geringen Mitteln neue Wege der Verzeichnung und Recherche mit elektronischen Indexblättern möglich sind, was insbesondere für kleinere Sammlungen interessant sein dürfte.

Vom OPAC zum Indexblatt, vom SWB zur Online-Systematik

Die Verankerung kartenspezifischer Elemente im Verbundkatalog

Heidrun Wiesenmüller

Der Aufbau komfortabler elektronischer Kataloge stellt gerade für kleinere Kartensammlungen eine besondere Herausforderung dar. Angesichts begrenzter Ressourcen an Personal und Finanzmitteln müssen pragmatische Lösungen gefunden werden, die Aufwand und Nutzen in ein möglichst optimales Verhältnis bringen. An der Württembergischen Landesbibliothek Stuttgart (WLB) wurde jüngst ein neues Konzept für die Kartenkatalogisierung erarbeitet, das im Folgenden vorgestellt werden soll. Es zeigt nicht zuletzt, dass der klassische Verbundkatalog keine Sackgasse darstellt, sondern mit relativ einfachen Mitteln zu einem auch für kartographische Materialien zweckmäßigen Suchinstrument weiterentwickelt werden kann.

Ausgangssituation

Die Kartensammlung der WLB bildet mit der Graphischen Sammlung eine organisatorische Einheit. Diese 'Kombi-Abteilung' ist mit zwei Diplomkräften ausgestattet, die jedoch auch noch für andere Arbeiten im Haus herangezogen werden. Der Bestand an Karten liegt derzeit bei ca. 120.000 Blättern. Anfangs wurden die Blätter nur systematisch abgelegt. Nur ein sehr kleiner Teil dieser Altbestände ist nachträglich katalogisiert worden. Seit 1976 wurden die Bestände in konventionellen Zettelkatalogen nachgewiesen, wobei die Titelaufnahmen nach Hausregeln angefertigt sind. Bis in die jüngste Zeit wurden die Katalogzettel mit der Schreibmaschine, also ohne jegliche EDV-Unterstützung, erstellt. Denn der logisch nächste Schritt – der Übergang zur Online-Katalogisierung im südwestdeutschen Bibliotheksverbund (SWB) –, den die WLB Ende der 1980er Jahre ging, wurde von der Kartensammlung nicht nachvollzogen. Der Hauptgrund für die damalige Entscheidung gegen die Verbundkatalogisierung war das Problem der Sacherschließung: Den systematischen Zugriff, der bei kartographischen Materialien fraglos der wichtigste Sucheinstieg für die Benutzer ist, wollte man auf keinen Fall aufgeben. Die Verschlagwortung nach RSWK wäre dafür kein ausreichender Ersatz gewesen.

Mit den Zettelkatalogen besaß die Kartensammlung nun zwar gut funktionierende Instrumente für die Recherche vor Ort, war jedoch für die wachsenden Ansprüche der Benutzer im digitalen Zeitalter denkbar schlecht gerüstet. Um dennoch Informationen über die Bestände im Internet bereitzustellen, entwickelte der damalige Leiter der Abteilung, Wolfgang Crom, einen Auswahlkatalog, der über die Homepage angeboten wird[1]: Dieser enthält vor allem Listen von Stadtplänen (wobei für den jeweiligen Ort nur die Erscheinungsjahre der vorhandenen Stadtpläne angeführt werden) und oft nachgefragten Kartenserien. Bei letzteren gibt es eine Besonderheit, die auch im neuen Konzept eine wichtige Rolle spielt – das Einscannen und Nachbearbeiten der Übersichtsblätter als verweissensitive Indexblätter[2]. Ein Klick in der Blattschnitt-Graphik auf das gewünschte Blatt führt den Benutzer zu einer damit verknüpften Bestandsliste im HTML-Format. Dort kann er ablesen, ob und in welchen Ausgaben das Blatt an der WLB vorhanden ist.

So nützlich dieser Auswahlkatalog ist, so sind seine Beschränkungen doch unübersehbar: Zum einen muss man, um ihn zu nutzen, erst einmal überhaupt auf die Idee kommen, dass die WLB auch Karten besitzt – denn darauf konnte man ja bislang weder über den OPAC noch durch überregionale Nachweisinstrumente wie SWB oder KVK stoßen. Aber auch wer über die Homepage oder eine Suchmaschine auf das Angebot kommt, findet darin nur ausgewählte 'Appetithappen'. Für ausführliche Recherchen war und ist bisher der Gang in die Abteilung (die sich in einer Außenstelle, einige Gehminuten vom Hauptgebäude entfernt, befindet) und die Benutzung der dortigen Zettelkataloge unerlässlich.

Zwei-Säulen-Konzept

Neue Möglichkeiten ergaben sich jedoch durch die Einführung systematischer Online-Kataloge an der WLB, die mit Hilfe eines entsprechenden Scripts automatisch aus der Verbunddatenbank generiert werden – zunächst für den Lesesaal[3], dann auch für andere Freihandbestände im Haus. Den Benutzern wird die jeweilige Systematik dabei in einer Baumstruktur präsentiert, in der man die gewünschte Sachstelle ansteuern und sich durch einen Mausklick die dazugehörigen Titel anzeigen lassen kann. Mit dieser Entwicklung war das Problem der systematischen Sacherschließung im Verbund grundsätzlich lösbar. Das neue Konzept zur Kartenkatalogisierung steht deshalb auf zwei 'Säulen' – zum einen der Katalogisierung im Verbund, zum anderen einer neu entwickelten Online-Systematik, die den Benutzern über Internet für die Recherche zur Verfügung stehen wird.

Da die Katalogisierung auf den Schultern eines einzigen Mitarbeiters ruht, ist an die Konversion des gesamten Bestandes freilich so schnell nicht zu denken. Um dennoch möglichst rasch einen aussagekräftigen Ausschnitt der Sammlung im SWB-Verbund anbieten zu können, sollten alle Möglichkeiten zur Rationalisierung ausgeschöpft werden. Also waren unkonventionelle, pragmatische Lösungen gefragt, auch

---

1 *http://www.wlb-stuttgart.de/referate/kartograph/bestand.htm*

2 *Vgl. dazu den Beitrag von Wolfgang Crom in diesem Band.*

3 *http://wwwneu.wlb-stuttgart.de:8080/Sykas/HLS/Systematik/tree*

wenn man dafür mitunter von der 'reinen Lehre' der bibliothekarischen Regelwerke abweichen muss.

Einbindung von Indexblättern

Das größte Potential für Einsparungen liegt fraglos bei der Behandlung der Kartenserien, die oft mehrere Tausend Blatt umfassen und einen beträchtlichen Teil unseres Bestandes ausmachen. Streng genommen müssen sie sehr aufwändig als mehrbändige Werke katalogisiert werden, d. h. zum Hauptdatensatz käme für jedes einzelne Blatt noch ein eigener Untersatz dazu. Die Benutzer haben davon freilich kaum einen Nutzen: Da die Einzelblätter im SWB nur sehr schlecht recherchierbar sind[4], bleibt praktisch nur der Einstieg über die Hauptaufnahme und die Suche in den anhängenden Untersätzen. Doch wer möchte sich schon durch Hunderte oder gar Tausende von Einzelaufnahmen blättern? Dazu kommt, dass der Benutzer in diesem Fall schon vorab wissen muss, wie das Blatt heißt, auf dem sich der von ihm gesuchte Kartenausschnitt befindet. Wir haben uns deshalb dazu entschlossen, für jede Serie nur die Hauptaufnahme in den Verbund einzubringen und auf die Aufnahmen für die Einzelblätter ganz zu verzichten. Stattdessen integrieren wir in den Lokalsatz einen Hyperlink, der auf den eingescannten Blattschnitt verweist. In der OPAC-Anzeige (Abb. 1) erscheint dabei unter der Signatur ein entsprechender Link ("Elektronischer Volltext").

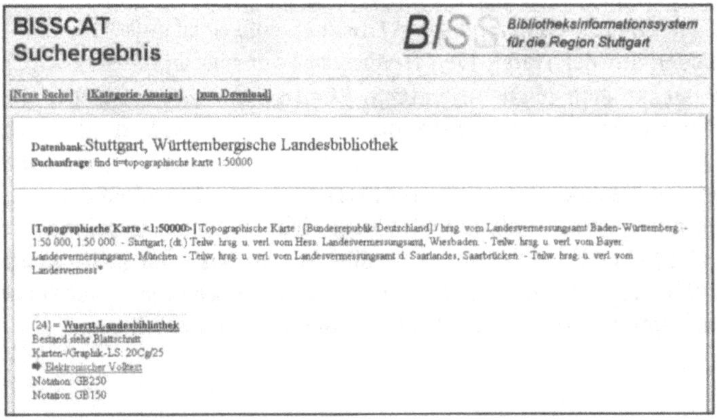

Abb. 1: Darstellung einer Kartenserie im OPAC

---

[4] *Da die Nummern der Blätter nicht suchbar sind, kann man nur den Namen des Blattes recherchieren, also z. B. das Blatt L 6516 der deutschen TK 1:50.000 mit der Eingabe "Mannheim" im Titelfeld. Dies führt bei der Recherche zu sehr viel Ballast, zumal die wenigsten Benutzer auf die Idee kommen werden, mit der Option 'Exakter Titel' statt 'Titelwort' zu suchen.*

Über diesen Link gelangt man zur Übersichtskarte (Abb. 2) und der dahinter liegenden Bestandesliste.

Abb. 2: Zugehöriges Indexblatt

Die bereits aus dem Internet-Auswahlkatalog bekannte Blattshnitt-Technik kommt also auch im neuen Konzept zur Anwendung. Neu ist jedoch die Idee, die Scans direkt mit der Verbunddatenbank zu koppeln, so dass man mit einem einzigen Mausklick von der OPAC-Recherche zum Übersichtsblatt gelangt. Die Vorteile dieser Methode liegen auf der Hand: Den Benutzern wird eine graphische Oberfläche geboten, auf der sie sich leicht orientieren können. Sie müssen weder die Nummer noch den Namen des Blattes kennen, das sie brauchen, sondern nur auf die richtige Stelle in der Übersichtskarte klicken. Für die Mitarbeiter ist der Aufwand beim Einscannen und Nachbearbeiten der Blattschnitte sowie Eingeben der Bestandslisten zwar immer noch beträchtlich, jedoch längst nicht so hoch wie bei einer Vollkatalogisierung sämtlicher Einzelblätter. Überdies hoffen wir – da ja inzwischen immer mehr Institutionen mit eingescannten Blattschnitten arbeiten – auf Kooperationen mit anderen Sammlungen, um die Arbeit besser verteilen zu können.

OSKAR

Auch bei der Sacherschließung – der zweiten Säule des neuen Konzepts – weichen wir von der im SWB üblichen Praxis ab: Sie erfolgt nicht durch Verschlagwortung nach RSWK[5], sondern mit einer neu entwickelten 'Online-Systematik für kartogra-

[5] *Nur Monographien (z. B. Atlanten) und die Stadtpläne, die eine besondere Spezialität*

phische Materialien' (OSKAR), die den Benutzern künftig als komfortables sachliches Rechercheinstrument präsentiert werden soll. Der Name macht bereits die Grundidee deutlich, das gesamte kartographische Spektrum zusammenzuführen: Alles, was in der WLB an kartographischen Materialien vorhanden ist, soll dem Benutzer in einem einzigen Sachkatalog präsentiert werden. OSKAR ist also nicht nur für Kartenblätter gedacht, sondern auch für Atlanten und die kartographische Sekundärliteratur. Während die Karten in der Kartensammlung selbst katalogisiert werden, erfolgt die Formalerschließung des restlichen Materials wie bisher in den beiden großen Katalogisierungsabteilungen der WLB (Monographien bzw. Zeitschriften), so dass sich in diesem Bereich kein zusätzlicher Katalogisierungsaufwand für die Abteilung ergibt. Nur die OSKAR-Notationen müssen noch durch die Mitarbeiter der Kartensammlung ergänzt werden.

In ihrem Aufbau orientiert sich die OSKAR-Systematik am Kartenteil der Göttinger Online-Klassifikation[6], wurde jedoch an die Bedürfnisse unserer Sammlung angepasst. Der erste Teil (G-Notationen) ist geographisch gegliedert: Beispielsweise findet man das Baar- und Wutachgebiet unter der Notation GB440 und Florida unter GW490. In einigen Fällen (z. B. bei Stadtplänen und Kreiskarten) werden an die Grundnotationen Namensschlüssel angehängt (z. B. GB390-Blaubeuren), um das System beliebig erweiterbar zu machen. Der zweite Teil der Systematik (T-Notationen) ermöglicht einen thematischen Einstieg (z. B. TF100 Klimakunde, TW300 Bergbau und Energie). Der dritte Teil (K-Notationen) ist für die Sekundärliteratur gedacht. Für jeden Titel können bis zu neun OSKAR-Notationen in den Lokalsatz eingetragen werden, so dass eine sehr differenzierte Sacherschließung möglich ist. Die Notationen legen fest, an welchen Systemstellen der Titel im OSKAR-Katalog erscheinen soll. Zusätzlich wird der Maßstab in codierter Form eingegeben. Alle Datensätze erhalten außerdem entsprechende Abrufzeichen, damit sie aus dem riesigen Datenpool des Verbundes selektiert und in den OSKAR-Katalog übernommen werden können.

Der anhand der OSKAR-Notationen aus dem Verbund generierte zusätzliche Katalog soll den OPAC bzw. Verbund nicht ersetzen, sondern ergänzen. Eine Recherche in den letzteren Datenbanken ist vor allem dann sinnvoll (und dem bisherigen alphabetischen Zettelkatalog natürlich weit überlegen!), wenn nach formalen Kriterien gesucht werden soll. Für den sachlichen Einstieg hingegen wird der OSKAR-Katalog, sobald er EDV-technisch umgesetzt ist, das geeignetere Instrument sein. Er wird den Benutzern die Systematik in Form einer Baumstruktur präsentieren, in der man sich schnell orientieren und die gewünschte Notation ansteuern kann, von der aus dann die Suche im OPAC angestoßen wird.

---

unserer Sammlung darstellen, erhalten zusätzlich zu den OSKAR-Notationen auch noch RSWK-Ketten.

6 *http://db1-www.sub.uni-goettingen.de/gok/*

Fazit

Das neue Konzept ist der Versuch, das Beste aus zwei Welten zu vereinigen. Einerseits sollten die Vorteile des Verbunds für Benutzer und Bibliothekare auch im Bereich der Landkarten genutzt werden: Die Benutzer können ihr hauptsächliches Rechercheinstrument, den OPAC, künftig auch für die Suche nach Karten nutzen und von seinen vielfältigen Suchoptionen Gebrauch machen – und zwar nicht nur in der Bibliothek, sondern auch von zu Hause aus. Auf bibliothekarischer Seite ergeben sich Rationalisierungseffekte durch die Übernahme vorhandener Katalogisate, die Einbindung von Indexblättern und den Wegfall der Arbeiten für die konventionellen Kataloge. Gleichzeitig musste jedoch sichergestellt werden, dass auch im neuen Medium ein systematischer Zugriff auf die Bestände möglich ist. Der neue OSKAR-Katalog 'übersetzt' den alten systematischen Zettelkatalog nicht nur in die digitale Welt, sondern verbessert dessen Funktionalität auch in mehrfacher Hinsicht. Schließlich sollte alles mit Eigenmitteln realisierbar sein, weshalb bewusst auf bereits Existentes zurückgegriffen wurde. Zwar sind noch nicht alle Komponenten technisch umgesetzt; auch werden die Zettelkataloge noch für manche Jahre ihren Dienst tun müssen, bis die Konversion abgeschlossen ist. Dennoch glauben wir, damit eine praktikable und zukunftsfähige Lösung für die Erschließung unserer Kartenbestände gefunden zu haben.

Nachtrag: Die Realisierung des OSKAR-Katalogs

Mittlerweile wurde der systematische Online-Katalog OSKAR von der EDV-Abteilung der Württembergischen Landesbibliothek unter Verwendung des Open-Source-Produkts ZOPE in Eigenleistung programmiert. ZOPE ist ein Programmpaket zur Entwicklung dynamischer Web-Anwendungen, das beispielsweise auch bei vielen Online-Shops eingesetzt wird. Charakteristisch ist die Benutzerschnittstelle der Software – eine Baumstruktur, die an den Windows Explorer erinnert und daher intuitiv recht leicht zu bedienen ist. Im OSKAR wird sie zur Darstellung der Systematik verwendet. ZOPE beinhaltet auch eine integrierte Datenbank, in der die Systematik verwaltet wird. Ergänzungen oder Änderungen an Ordnern und Systemstellen können von den Mitarbeitern der Kartenabteilung über entsprechende Dialogfenster einfach und schnell vorgenommen werden.
Im Mai 2002 wurde OSKAR für die Öffentlichkeit freigeschaltet[7]; im Februar 2003 folgte eine verbesserte Version mit neuem Design und erweiterten Funktionen. Grundsätzlich können die Benutzer zwischen zwei Sucheinstiegen wählen: Entweder sie klicken sich schrittweise durch den Systematikbaum (vgl. Abb. 3), oder sie geben ihren Suchbegriff in das Feld "Schnellsuche" (Suche in der Systematik) ein.

---

7 *http://www.wlb-stuttgart.de/oskar.html*

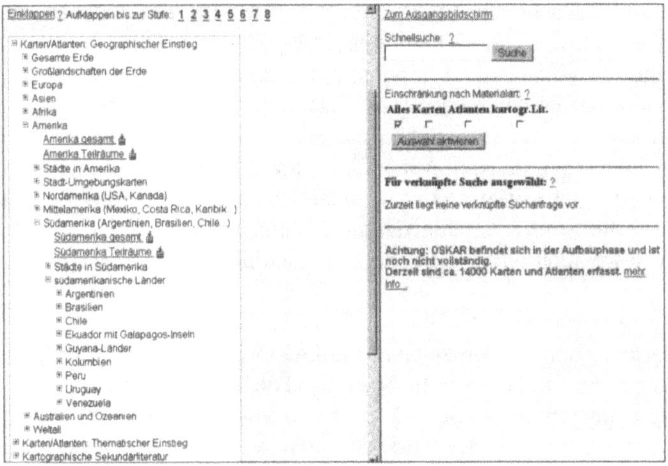

Abbildung 3

In diesem Fall bietet OSKAR alle Systemstellen zur Auswahl an, in denen der Suchbegriff vorkommt (vgl. Abb. 4).

Abbildung 4

Es ist auch möglich, sich zur leichteren Orientierung größere Bereiche der Systematik aufklappen zu lassen[8]. Ist die richtige Stelle in der Systematik gefunden, so klickt man sie an und erhält daraufhin die zugeordneten Materialien. Intern wird dafür je-

8 *Wegen des Umfangs der Systematik kann dieser Vorgang allerdings einige Zeit in Anspruch nehmen.*

weils eine OPAC-Recherche erzeugt, die alle Titel mit der zugehörigen Nota-tion abfragt und zunächst in einer Kurztitelliste anzeigt. In der OPAC-Vollanzeige findet man nicht nur die vollständigen bibliographischen Angaben, Standort und Signatur sowie bei Kartenserien den Link auf den Blattschnitt, sondern kann ausleihbare Materialien auch direkt bestellen. Schon die erste OSKAR-Version bot außerdem die Option, das Suchergebnis nach Materialart einzuschränken und sich beispielsweise nur Atlanten oder nur Karten anzeigen zu lassen. Gesteuert wird diese Funktion über Abrufzeichen, die bei der Katalogisierung in ein spezielles Feld eingegeben werden. Mittelfristig wäre auch eine Einschränkung nach dem Maßstabsbereich wünschenswert.

Die wichtigste Neuerung der zweiten OSKAR-Version war die Möglichkeit, verknüpfte Recherchen über mehrere Systemstellen durchzuführen. Damit kann nun beispielsweise gezielt nach einer Klimakarte von Brasilien recherchiert werden, während man sich in der ersten OSKAR-Version nur *entweder* alle Klimakarten *oder* alle Brasilien-Karten anzeigen lassen konnte. Nützlich ist die kombinierte Recherche auch dann, wenn ein geographischer Raum in mehrere Systemstellen untergliedert ist. Wer sich für Westafrika interessiert, könnte etwa 'Westafrika gesamt' mit den Systemstellen der verschiedenen westafrikanischen Länder kombinieren, um sämtliche Karten über dieses Gebiet zu erhalten. Mit einem Mausklick auf ein besonderes Symbol werden die gewünschten Einträge ausgewählt. Mehrere geographische Stellen werden (ebenso wie mehrere thematische Stellen) automatisch mit ODER verknüpft. Kombiniert man hingegen eine geographische mit einer thematischen Stelle, so wird dies vom System als UND-Verknüpfung interpretiert. Die Benutzerauswahl wird in einer Liste angezeigt (vgl. Abb. 5). Hier können bei Bedarf noch Änderungen vorgenommen werden, ehe man die eingestellte Suche über einen Button startet.

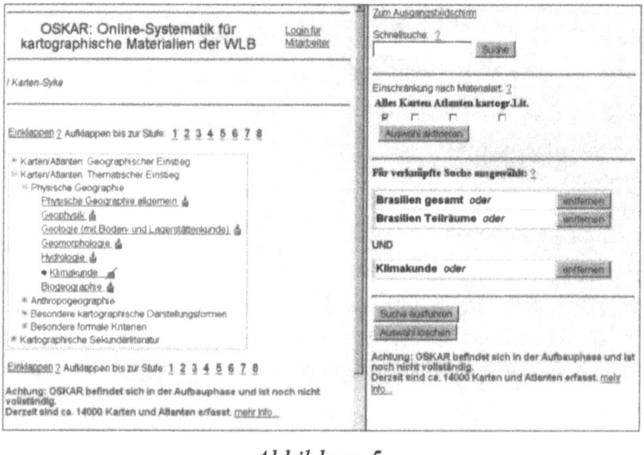

Abbildung 5

Darüber hinaus kann im neuen OSKAR von jedem Ordner und jeder Systemstelle aus ein Link auf eine beliebige URL angelegt werden, die als "siehe-auch-Verweisung" im Systematik-Baum erscheint. Dies erhöht die Flexibilität des Rechercheinstruments ungemein und erlaubt es, über die OPAC-Recherche hinaus weitere Informationsquellen einzubinden. So können bereits vorhandene Bestandslisten im HTML-Format – z. B. Überblickseiten zu Kartenserien – ebenso nahtlos in das System integriert werden wie Scans ausgewählter Kartenbeispiele, mit denen das Online-Angebot attraktiver gemacht werden kann. In Kürze wird man auf diesem Weg auch ältere Atlanten, die nicht im OPAC zu finden sind, über OSKAR zugänglich machen können. Denn sobald die Digitalisierung des Alphabetischen Zettelkatalogs der WLB (bis Erscheinungsjahr 1988) abgeschlossen ist, können auch die Images einzelner Katalogkarten eingebunden werden. Genauso können natürlich inhaltlich passende Internet-Seiten fremder Anbieter verlinkt werden. Beispielsweise gibt es seit kurzem im Bereich Kartographiegeschichte bei Eduard Imhof einen Link auf die "Virtual Library Eduard Imhof" der ETH Zürich[9]. Mit dieser simplen Methode kann sich OSKAR zu einem übergreifenden Informationssystem weiterentwickeln, das nicht nur Zugang zu den konventionellen kartographischen Materialien der WLB bietet, sondern ebenso zu den jeweils einschlägigen weltweiten Internet-Ressourcen. Mittelfristig denkbar wären auch Verknüpfungen zu anderen kartographischen Datenbanken, so dass OSKAR auch in einem umfassenden Informationssystem seinen Anteil leisten könnte.

---

9 *http://www.maps.ethz.ch/imhof.html*

Von den Blattübersichten schweizerischer Landeskartenwerke zur Titelaufnahme im Bibliotheksverbundkatalog

Thomas Klöti

In den Bibliotheksverbundkatalogen erfolgt eine Recherche bisher immer verbal. Dies mag für Bücher die einzig richtige Lösung sein, für Karten hingegen ist eine derartige Suchstrategie oft kaum aussagekräftig. Zu den lang gehegten Wünschen im Kartenbibliothekswesen gehört daher eine graphische Suchoberfläche, die eine geographische Suche bzw. eine Suche nach Koordinaten ermöglicht.

Von der Blattübersicht in den Bibliotheksverbundkatalog

Eine Zwischenlösung im Hinblick auf eine textfreie, graphische Suche stellt der Einsatz von Blattübersichten für Kartenwerke dar. Die Kartensammlung der ETH-Bibliothek behilft sich zur Zeit mit Blattübersichten, denen eine im HTML-Format zusammengestellte Liste der vorhandenen Ausgaben hinterlegt ist <*http://www.ethbib.ethz.ch/ks/indexblaetter.html*>. Der Link von der Blattübersicht zur HTML-Seite erfolgt dabei aufgrund von verweis-sensitiven Graphiken, die auch als image maps bzw. als clickable maps bezeichnet werden. Für die Kartensammlung des Bundesamts für Landestopographie in Wabern bei Bern (L+T) <*http://www.swisstopo.ch/de/maps/ak/INDEX.htm*> haben wir nun verweis-sensitive Blattübersichten mit einem direkten Link in den seit März 2000 öffentlich zugänglichen Bibliotheksverbundkatalog der schweizerischen Bundesverwaltung <*http://auriga.admin.ch:8081/*> geschaffen.
Der Beginn der Katalogisierung der Kartensammlung bzw. des Projekts Katalog Kartenarchiv der L+T erfolgte am 1. April 1999. Die Kartensammlung umfasst insgesamt zirka 23.000 handgezeichnete Blätter und Unikate sowie zirka 29.000 gedruckte Karten (ohne Mehrfachexemplare). Bis Ende 2000 wurden unter anderem sämtliche Ausgaben der schweizerischen Landeskartenwerke erfasst, die auch unter den Bezeichnungen „Dufourkarte", „Siegfriedkarte" und „Landeskarte" bekannt sind. Insgesamt wurden bis zu diesem Zeitpunkt 10.846 Katalogeinträge vorgenommen und mit den Mehrfachexemplaren insgesamt 67.611 Kartenblätter nachgewiesen. Im Produktekatalog des Bundesamts für Landestopographie wird die Kartensammlung unter den Dienstleistungen aufgeführt. Im Hinblick auf die Neugestaltung der Webseiten der Kartensammlung der L+T, die im März 2001 im Internet zugänglich gemacht wurden <*http://www.swisstopo.ch/de/maps/ak/INDEX.htm*>, war es uns ein Anliegen, den internen und externen Benutzerinnen und Benutzern dieser Dienstleistung einen leicht verständlichen und zielgerichteten Zugang zu diesen Kar-

tenbeständen zu schaffen. Damit wird die selbständige Recherche in der Datenflut eines Bibliothekskatalogs, der von mehr als 30 Verbundbibliotheken gespiesen wird, wesentlich erleichtert. Die verweis-sensitiven Blattübersichten dienen aber auch dem Betreuer der Kartensammlung, dem zusätzlich zum Katalog ein weiteres Arbeitsinstrument in die Hand gegeben wird, um Kundinnen und Kunden schnell und zielgerichtet beraten zu können.

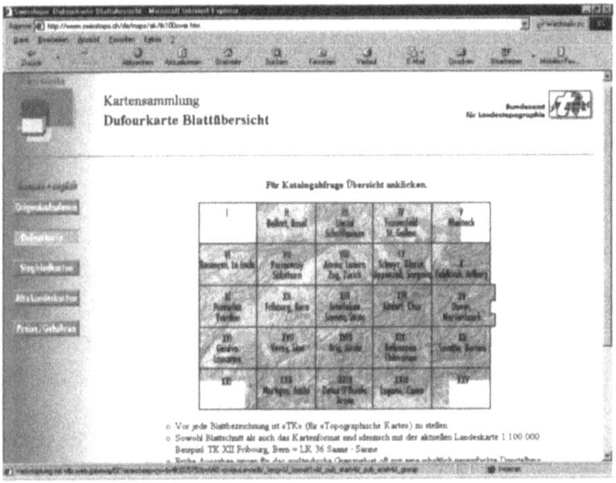

Abb. 1: Die Kartensammlung des Bundesamts für Landestopographie (L+T) bewahrt mehr als 50.000 Karten auf, wozu auch sämtliche Ausgaben der amtl. Kartenwerke gehören (Dufourkarte, Siegfriedkarte, Landeskarte)

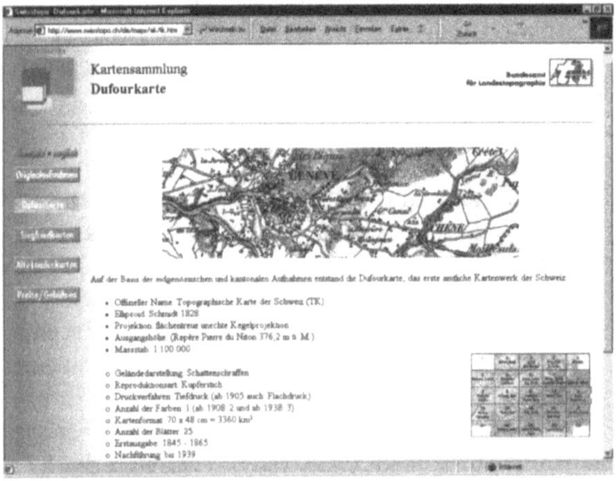

Abb.2: Textfreie, graphische Katalogabfrage in den Beständen der Kartensammlung des Bundesamts für Landestopographie mit einer verweis-sensitiven Blattübersicht der Dufourkarte 1:100.000

Aufgrund der engen Zusammenarbeit mit den zuständigen Fachpersonen innerhalb der L+T konnte dieser graphische Zugriff auf den Bibliothekskatalog innert der von uns gesetzten kurzen Frist entwickelt und nach einer kurzen Testphase für die Benutzung im Internet freigegeben werden.

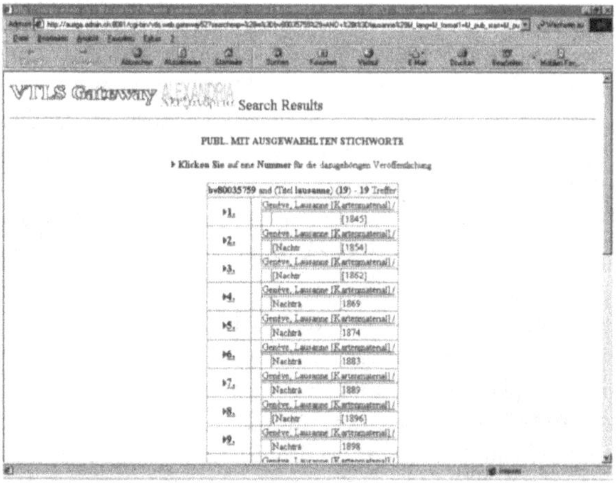

Abb. 3: Suchresultat mit der Vorauswahl für die im Bibliotheksverbundkatalog Alexandria vorhandenen und über das VTLS Web Gateway abfragbaren Ausgaben von Blatt 16 der Dufourkarte 1:100.000 der Kartensammlung

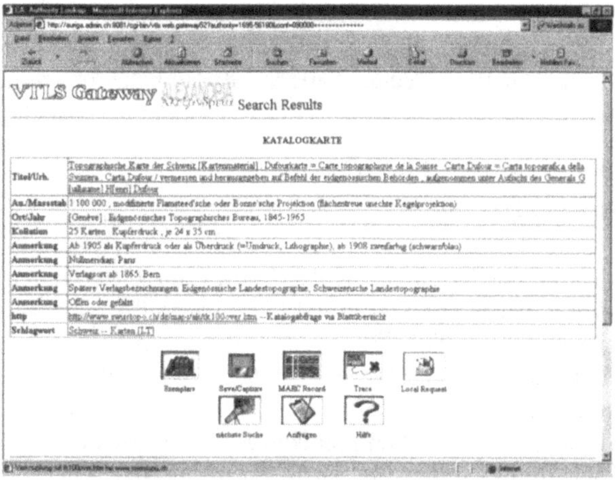

Abb. 4: Die graphische „Katalogabfrage via Blattübersicht" kann für die Blätter der Dufourkarte („Topographische Karte der Schweiz 1:100.000") direkt vom Bibliotheksverbundkatalog aus aktiviert werden

Der Bibliotheksverbund Alexandria

Bevor das Projekt „Katalog Kartenarchiv" anfang April 1999 gestartet werden konnte, musste in einem Vorprojekt die Software für die Erschliessung der Sammlung evaluiert werden. Wir gingen von der Grundannahme aus, dass eine verbundtaugliche Bibliothekssoftware eingesetzt werden soll. Bewusst wurde damit auf den Einsatz einer „Insellösung" verzichtet. Die Integrierung in einen Bibliotheksverbund wurde insbesondere im Hinblick auf Wartung und Migrierung sowie hinsichtlich der Nutzung von Fremddaten und der Weitergabe eigener Datensätze angestrebt. In die engere Wahl fielen z. B. die damaligen Verbundsysteme ETHICS-plus, Deutschschweizer Bibliotheksverbund Basel-Bern (DSV) und Alexandria. ETHICS-plus und DSV wechselten in der Zwischenzeit ihr Bibliothekssystem und wuchsen, mit weiteren Hochschulbibliotheken, zum Informationsverbund Deutschschweiz (IDS) sämtlicher Deutschschweizer Hochschulbibliotheken zusammen. Da die erwähnten Verbundsysteme heute im Prinzip die gleichen Katalogisierungsstandards anwenden, gab es keine grundlegenden Unterschiede, die eine eindeutige Bevorzugung eines Bibliothekssystems gerechtfertigt hätte. Ausschlaggebend war schliesslich eine fachtechnische Weisung des Bundeskanzlers zum Einsatz von Bibliotheks- und Dokumentationssystemen in der schweizerischen Bundesverwaltung. Demnach wird von neuen Anwendern die Verwendung der Bibliothekssoftware VTLS (Virginia Technical Library Systems) innerhalb des Bibliotheksverbundes Alexandria als verbindlich erklärt. Von dieser Regel gibt es natürlich auch Ausnahmen, wie die Bibliotheken der Eidgenössischen Technischen Hochschschule (ETH), die sich am IDS beteiligen, oder die Schweizerische Landesbibliothek, die zwar VTLS verwendet, jedoch nicht in den Bibliotheksverbund Alexandria integriert ist. Für das Bundesamt für Landestopographie bringt die Wahl von VTLS Vorteile, da von der Schweizerischen Landesbibliothek bereits existierende Datensätze bezogen werden können. Zudem gibt es auch Synergien mit den Beständen innerhalb der Bundesverwaltung. Im Hinblick auf eine Koordination wurden daher Anwendungsregeln für die Erfassung von Kartenmaterialien ausgearbeitet.

VTLS Easycat, Easypac und Web Gateway

Die Hauptarbeit für die Erschliessung erfolgt heute natürlich am Computer. Zu den Arbeitsinstrumenten gehören daher, neben Messband und Lupe sowie der einschlägigen Fachliteratur, die Softwareprodukte VTLS Easycat und VTLS Easypac, die in der Verwendung aufeinander abgestimmt sind. Mit Easycat erfolgt die Katalogisierung auf dem lokalen Computer. Die Daten werden anschliessend auf den zentralen Server beim Bundesamt für Informatik und Telekommunikation (BIT) geschickt. Sie können dann mittels Easypac abgefragt werden. Da die Software Easypac eine Installation erfordert, wird diese eher innerhalb der Bibliotheken eingesetzt, während für den Zugriff via Internetbrowser ein Web Gateway zur Verfügung steht. Die Abfrage kann einerseits im gewohnten Bibliotheksformat stattfinden, anderseits auch im MARC-Format, das heisst so, wie die Datensätze durch den Bibliothekar in den dazu vorgesehenen Feldern erfasst wurden.
Die Karten werden nach den gleichen Regeln wie in der Schweizerischen Landesbibliothek katalogisiert. Kartenmaterialien werden nach den Anglo-American Cataloguing Rules, 2nd ed. (AACR2) erschlossen, wobei für den bibliographischen Datensatz das Format MARC21 Swiss Version in Anwendung kommt. Zusätzlich gibt es Anwendungsregeln für die Schweizerische Landesbibliothek sowie für den Verbund Alexandria, die sich allerdings nur geringfügig voneinander unterscheiden. Im

Hinblick auf die Frage der Blattübersichten ist es wichtig zu wissen, dass für Kartenmaterial grundsätzlich die Einzelblattkatalogisierung gilt, das heisst, dass jedes einzelne Kartenblatt, sofern es einen eigenen Titel hat, eine bibliographische Aufnahme erhält. Der Link von den Blattübersichten aus dem Internet führt damit direkt auf die jeweiligen bibliographischen Aufnahmen, wobei anschliessend auch sämtliche Funktionalitäten des Bibliothekskatalogs zur Verfügung stehen. Für die Schaffung eines Links vom Bibliothekskatalog auf die Blattübersichten der Kartenwerke wurde zudem das in MARC21 zur Verfügung stehende Feld 856 für elektronische Lokalisierung und Zugriff genutzt. Falls später auch einmal Bilddaten ins Netz gestellt werden sollten, könnte die Verwendung dieses Feldes auch auf der Stufe der Einzelkarten von Nutzen sein.

Umrechungstabelle von Landeskoordinaten in geographische Koordinaten

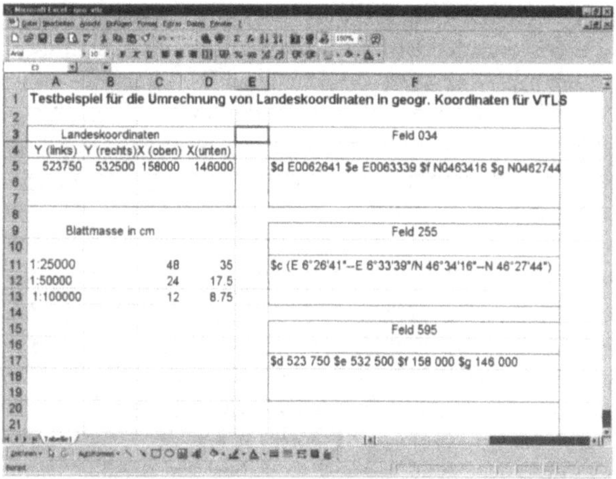

Abb. 5: Umrechnungstabelle für die Umwandlung von Landeskoordinaten in geographische Koordinaten, die anschließend, mit „copy“ und „paste“, in das Katalogisierungstool VTLS Easycat übertragen werden

Eine wesentliche Beschleunigung der Arbeiten erfolgt durch den Einsatz eines Hilfstools zur Berechnung der geographischen Koordinaten. Die Umrechnung der auf den Blättern der schweizerischen Landeskartenwerke aufgedruckten Landeskoordinaten in geographische Koordinaten geschieht mit einer vom Bereich Geodäsie des Bundesamts für Landestopographie entwickelten Excel-Tabelle. Das Resultat wird in der für die bibliographische Aufnahme erforderlichen Syntax dargestellt, so dass dieses – ohne weitere Nachbearbeitung – mit „copy“ und „paste“ in die dazu vorgesehenen drei Felder von VTLS Easycat übertragen werden kann. Mit einer von uns vorgenommenen Erweiterung können mit dem gleichen Hilfsmittel auch die Masse der Karte für den jeweiligen Maßstab errechnet werden. Der Vorteil liegt nicht nur in der schnelleren Berechnung der Kartenmasse, sondern auch im

der schnelleren Berechnung der Kartenmasse, sondern auch im Erkennen von Fehlern bei der Eingabe der Landeskoordinaten, die bei nicht plausiblen Ergebnissen vorliegen müssen.

Verweis-sensitive Blattübersichten

Die Herstellung der Blattübersichten erfolgte, wie einleitend angetönt wurde, in einem mehrteiligen Verfahren, wobei die Bereiche Kartographie, Topographie sowie der Webpublisher des Bundesamts für Landestopographie mitwirkten. Ziel war es, sowohl ein graphisch ansprechendes wie auch ein qualitativ einwandfreies Erzeugnis herzustellen. Vorerst musste geklärt werden, welche bereits bestehende Blattübersicht als Grundlage herangezogen werden soll. Von den schweizerischen Landeskartenwerken sind über die Jahrzehnte immer wieder neue Blattübersichten erschienen, die sich z. B. in ihrer Vollständigkeit aber auch in der Schreibweise für die Blattbezeichnungen unterscheiden. So gibt es z. B. Kartenblätter, die ursprünglich einen deutschsprachigen Titel trugen, welcher später durch eine französischsprachige Blattbezeichnung ersetzt wurde. Wir entschieden uns, jeweils die neueste Blattübersicht für das jeweilige Kartenwerk mit einer stark vereinfachten Basiskarte zu kombinieren. Die redaktionellen Vorgaben und Kontrollen erfolgten durch einen Mitarbeiter des Bereichs Kartographie. Für die Bearbeitung der Blattübersichten von Dufour- und Siegfriedkarte konnte ein Kartographielehrling eingesetzt werden. Die Optimierung für das Internet, die Aufteilung der Blattübersicht auf mehrere Webseiten sowie das Weblayout oblag dem Webpublisher. Für die Blattübersichten der nach wie vor erscheinenden Landeskarten 1:25.000, 1:50.000 und 1:100.000 wurden die bereits bestehenden, für das Internet aufbereiteten Blattübersichten übernommen, vom Webpublisher jedoch mit einer geeigneteren Basiskarte hinterlegt. Um die Lesbarkeit der Blattübersichten im Internet zu gewährleisten, mussten die Blattübersichten großer Kartenwerke auf mehrere Seiten verteilt werden. Dies war bei der Siegfriedkarte 1:25.000 (462 Blätter) und 1:50.000 (142 Blätter) sowie der Landeskarte 1:25.000 (249 Blätter) der Fall. Vom kleinen Übersichtskärtchen auf der Einstiegsseite des jeweiligen Kartenwerks gelangt man zwar bei allen Kartenwerken vorerst auf die gesamte Blattübersicht, bei der Siegfriedkarte 1:25.000 wird man jedoch auf 7, bei der Siegfriedkarte 1:50.000 auf 3 und bei der Landeskarte 1:25.000 auf 4 detailliertere Blattübersichten geführt. Das Navigieren ist jedoch auch hier, mittels des eingefügten Übersichtskärtchens, stets über das gesamte Kartenwerk möglich.

Kernstück der Bearbeitung durch den Webpublisher lag jedoch bei der Aufbereitung der Blattübersichten zu verweis-sensitiven Graphiken (verweis-sensitive Graphiken sind Graphiken, in denen mit der Maus auf ein Detail geklickt werden kann; daraufhin wird ein Verweis bzw. Link ausgeführt). Für sämtliche Rechtecke der jeweiligen Einzelblätter in den Blattübersichten wurden die Eckkoordinaten in HTML-Code eingefügt. Dem bibliothekarischen Mitarbeiter oblag es anschließend, die Verweise für sämtliche Einzelblätter der Kartenwerke in diesen sogenannten Quellcode einzufügen. Die für den Verweis verwendete Zeichenkette entspricht derjenigen, die bei einer Expertensuche im Web Gateway generiert wird. (Da die Zeichenkette auf die jetzige Version des Web Gateways zugeschnitten ist, ist zur Zeit nicht absehbar, ob und wann bei künftigen neuen Versionen Anpassungen notwendig werden.) Für das Blatt 16 der Dufourkarte, mit dem Blatttitel „Genève Lausanne", sieht diese Zeichenkette z. B. folgendermassen aus:

http://auriga.admin.ch:8081/cgi-bin/vtls.web.gateway52?searchexp=%28w%3D **bv80035759**%29+**AND**+%28t%3D**lausane**%29&f_lang=&f_format1=&f_pub_start =&f_pub_end=&f_group=0000&lang=german

Zu den wechselnden Teilen der Suchfrage gehören die hier fett gekennzeichneten Elemente, bestehend aus der nur im MARC-Format ersichtlichen Identifikations-Nummer für das Kartenwerk, aus einem Titelwort sowie aus den Bool'schen Operatoren AND, OR oder NOT. Anstelle des im Titel an zweiter Stelle stehenden Wortes „Lausanne" hätte bei diesem Beispiel auch der String „Gen%E8ve" für das an erster Stelle stehende Titelwort „Genève" eingesetzt werden können („è" wird dabei zu „%E8"). Bei der Wahl der Titelworte musste zudem auf allerlei Besonderheiten Rücksicht genommen, damit einerseits alle Blätter und andererseits nur Blätter des jeweiligen Kartenblattes im Suchresultat erscheinen. Mit dem folgenden Beispiel soll dies verdeutlicht werden: Um alle in der Kartensammlung vorhandenen Ausgaben von Blatt 314 der Siegfriedkarte im Suchresultat zu erhalten, muss nach Kartenblättern mit dem Titel „Murten" oder „Morat" gesucht werden. Da jedoch im Titel von Blatt 312 der Begriff „Lac de Morat" enthalten ist, muss das Blatt Sugiez von der Suche ausgeschlossen werden. Dies ergibt folgende Zeichenkette:

http://auriga.admin.ch:8081/cgi-bin/vtls.web.gateway52?searchexp=%28w%3D **bv80033582**%29+**AND**+%28%28t%3D**murten**%29+**OR**+%28t%3D**morat**%29%29+**NOT**+%28t%3D**sugiez**%29&f_lang=&f_format1=5&f_pub_start=&f_pub_end=&f_group=0000&lang=german

Das Ziel, mit verweis-sensitiven Blattübersichten einen leicht verständlichen und zielgerichten Zugang zu den Kartenbeständen zu schaffen wurde damit sicher erreicht. Der Zugriff erfolgt per Mausklick und es sind keine besonderen Vorkenntnisse im Hinblick auf Suchstrategien in einem Bibliothekskatalog erforderlich. Das neu geschaffene Angebot wird seither auch, wie erwartet, aktiv genutzt. Im Hinblick auf die Nutzung der Kartensammlung ist dabei folgendes beizufügen (s.a. die entsprechenden Webseiten <http://www.swisstopo.ch/de/maps/ak/INDEX.htm>):

Die alten Karten können nicht ausgeliehen werden. Ein Besuch vor Ort ist – nach Voranmeldung – für wissenschaftliche Zwecke möglich. Das Bundesamt für Landestopographie kann zwar keine alten Karten mehr verkaufen. Auf Wunsch werden jedoch Kopien oder hochqualitative Reproduktionen in analoger bzw. digitaler Form hergestellt, wobei Bestellungen schriftlich aufzugeben sind. Die Verrechnung erfolgt nach Tarif (zum Teil nach Aufwand).

Ausblick

Für das Projekt „Katalog Kartenarchiv" stellt die Bereitstellung von verweis-sensitiven Blattübersichten der schweizerischen Landeskartenwerke einen bedeutenden Zwischenschritt dar. Mit den Landeskartenwerken wurde jedoch erst ein Teil der Kartensammlung in der Datenbank erschlossen, die weiter ausgebaut wird. Durch eine Schenkung gelangte zudem die bedeutende und umfangreiche Kartensammlung von Alfred Oberli in das Bundesamt für Landestopographie, die nun ebenfalls in die Erschließung einbezogen werden konnte. Schließlich wird auch der Aufbau einer Bilddatenbank angestrebt, wozu jedoch noch die erforderlichen Entscheide ausstehen.

Elektronische Übersichtsnetze für Kartenwerke in der Kartensammlung der ETH Zürich

Markus Appenzeller und Jürg Bühler

Übersichtsnetze von Kartenwerken - in Kartensammlungen Notwendigkeit

In der Kartensammlung werden thematische und topographische Kartenwerke gesammelt. Diese Kartenwerke umfassen oftmals sehr viele Kartenblätter. Während sich beispielsweise die Landeskarte der Schweiz noch mit 249 Blättern begnügt, umfasst die topographische Landeskarte der Vereinigten Staaten von Amerika bereits über 10.000 Blätter in verschiedenen Ausgaben! Diese einzelnen Blätter können im Bibliothekskatalog nicht einzeln nachgewiesen werden. Deshalb hat die Kartensammlung der ETH-Bibliothek bereits in ihren Anfängen in den Siebzigerjahren begonnen, für Kartenwerke Übersichtsnetze auf Papier anzulegen. Dieser graphische Bestandesnachweis ermöglicht es den Benützerinnen und Benützern, viel einfacher als mit Hilfe eines Nachweises im Bibliothekskatalog, einen Überblick über das ganze Werk zu bekommen und festzustellen, ob die gewünschten Blätter bereits in der Kartensammlung vorhanden sind. Falls dies der Fall ist, können die Blattnummern notiert werden, und die Kartenbibliothekarin oder der Kartenbibliothekar wird die Blätter rasch aus dem Kartenmagazin holen.

Das Erstellen großer Übersichtsnetze braucht viel Zeit. Zudem müssen die großen Übersichtsnetze oft so stark verkleinert werden, dass die Lesbarkeit darunter leidet. Auch jüngere Menschen müssen öfter mal zur Lupe greifen. Das Aktualisieren der Übersichtsnetze bringt ebenfalls viel Arbeit: jedes neu eintreffende Blatt muss mit Farbe fein säuberlich ins Übersichtsnetz eingetragen werden.

Übersichtsnetze auf dem Bildschirm

In der zweiten Hälfte der Neunzigerjahre begann die Kartensammlung nach einer PC-Lösung für den Bestandesnachweis von Kartenwerksblättern zu suchen. In der PC-Anwendung TOPORAMA hat die Kartensammlung eine solche neue Lösung gefunden. TOPORAMA ist eine Anwendung, die auf dem Geographischen Informationsystem ArcView GIS erstellt wurde. Das Produkt besteht aus dem eigentlichen Programm und den Übersichtsnetzen.

Die elektronischen Übersichtsnetze bieten verschiedene Vorteile:

- Ein gleiches Netz kann öfters eingesetzt werden. Viele thematische Kartenwerke basieren auf dem gleichen Blattschnitt wie die topographischen Kartenwerke.
- Für den internen Gebrauch wird eine Editierfunktion angeboten, die es erlaubt, neu eingetroffene Blätter als vorhanden zu markieren.
- Zoomwerkzeuge ermöglichen, eine gewünschte Region eines Landes so zu vergrößern, so dass alle Angaben zu den Blättern ohne Lupe bequem lesbar sind.
- Suche mit Hilfe von Koordinaten ist möglich.
- Gezielte Suche nach Blattnamen und Blattnummern ist möglich.
- Die Netze lassen sich auch mit Ortsregistern verbinden. So lassen sich auch Fragen beantworten wie: auf welchem Blatt des Kartenwerkes liegt die gesuchte Ortschaft?

Zum heutigen Zeitpunkt können den Benutzern in der Kartensammlung die Uebersichtsnetze der wichtigsten topographischen Kartenwerke weltweit in digitaler Form angeboten werden, dazu zahlreiche Uebersichtsnetze von thematischen Kartenwerke Europas, die auf den Blattschnitten der topographischen Kartenwerke aufbauen. In der Toporama-Datenbank finden sich damit Nachweise von über 150.000 Karten.

Toporama ist bis jetzt nicht in andere PC-Anwendungen integriert. Die ETH-Kartensammlung plant aber, in Kürze die elektronischen Übersichtsnetze im Internet anzubieten. Dabei ist vorgesehen, einen direkten Link von den Titelaufnahmen der Kartenwerke im Bibliothekskatalog zu den elektronischen Übersichtsnetzen im Toporama zu schaffen.

Der Ablauf der Suche in Toporama

1 Toporama wird mit einer Weltkarte aufgestartet.

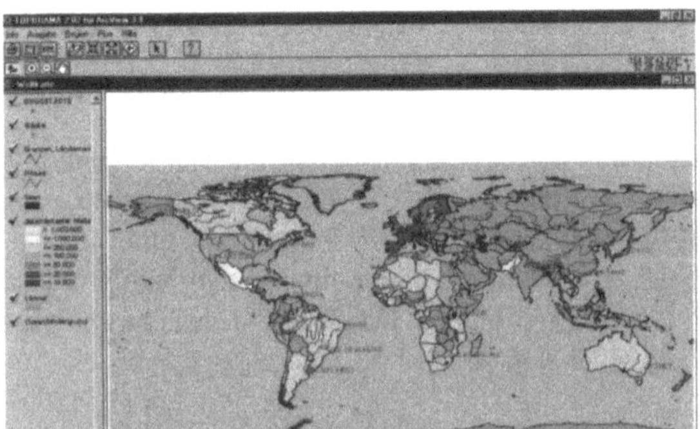

Die kartographische Unterlage wird mit einfachen und weltweit homogenen Daten geschaffen. Links befindet sich die Legende zur Karte, oben sind in zwei Reihen die Arbeitsinstrumente und das Menü von Toporama zu finden.

2 Über die Karte oder über eine Liste kann das gewünschte Land gewählt werden.

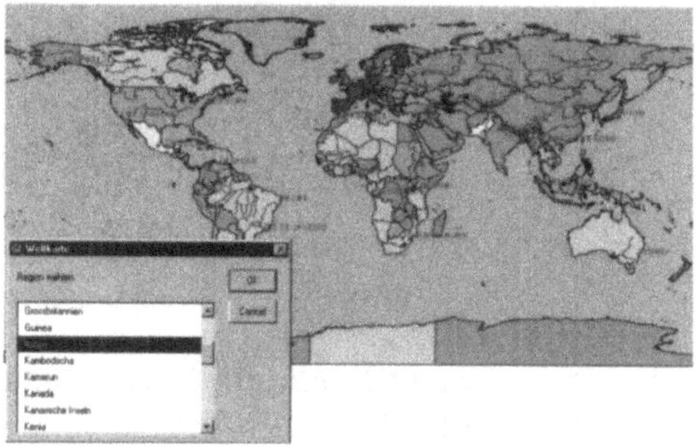

3 Die topographischen Umrisse des gewünschten Landes werden aufgerufen. Auf Wunsch kann weitere geographische Information, z.B. Städte oder Gewässer, aus- und eingeblendet werden.

4 Im Menue "Indexkarte" kann das gewünschte Übersichtsnetz gewählt werden.

5 Mit Menuepunkt "Bestand" wird sichtbar, welche Kartenblätter verfügbar sind.

6 Um die den gewünschte Bereich zu erkennen und die Blattnummer zu finden, wird nun mit der Zoomfunktion ein Teilgebiet aufgerufen.

7 Durch Anklicken des gewünschten Blattausschnittes erscheint die Information über das Kartenblatt: Nummer, Name, Signatur, Koordinaten, sowie nach Bedarf weitere Angaben, wie Ausgabe und Erscheinungsjahr.

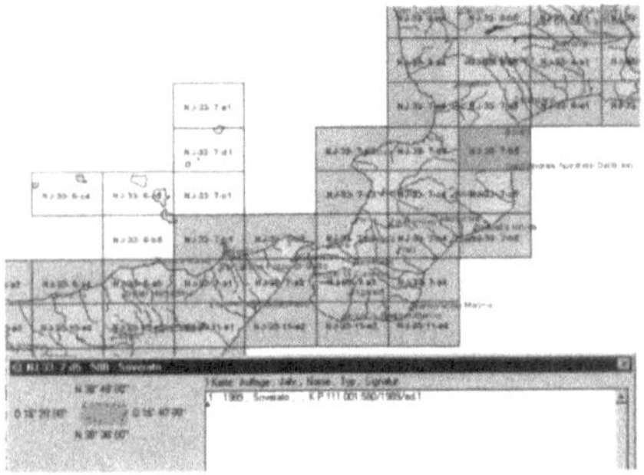

Der Hersteller, die Kosten und die zukünftige Entwicklung

Toporama ist nicht billig, doch können wir uns glücklich schätzen, dass den Kartenbibliotheken damit endlich ein modernes Produkt für den Nachweis und die Kontrolle von Kartenwerksbeständen zur Verfügung steht. Toporama wird entwickelt und vertrieben durch die Firma Joachim Lamatsch aus Freiburg. Sie bietet auch den notwendigen Support bei der Installation und bei allfällig auftretenden Problemen. In der laufenden Entwicklung können jeweils eigene Vorschläge und Wünsche angebracht werden.

Für die Toporama-Software, inklusive ArcView-Lizenz, Installation von ArcView und Toporama an mindestens 10 Plätzen innerhalb der Kartenabteilung und Support muss mit einem tiefen fünfstelligen DM-Betrag gerechnet werden. (ArcView allein würde DM 3.000 je Computer kosten! Allerdings ist ArcView oft auch in Campuslizenzen der Hochschulen vorhanden). Teurer ist der Internet Map Server von ESRI. Er ist dort notwendig, wo die Indexkarten auch online im Internet angeboten werden sollen.

Der Preis der von Lamatsch entwickelten elektronischen Indexkarten hängt von der Größe und Komplexität des Kartenwerkes ab. Die Blattschnitte können bei gleicher Region und gleichem Massstab mehrfach verwendet werden (Beispiel: Topographische und Geologische Karte der Bundesrepublik 1:25.000).

In Diskussion stehen die folgenden Ausbauideen:

- Es sollen in Toporama die ISO-3166 Codes eingeführt werden. Diese Codes beschreiben eine einheitliche geographische Einteilung der Welt.
- In Toporama können fast beliebige geographische Namensverzeichnisse eingebunden werden. Von zahlreichen Ländern gibt es neben den offiziellen Karten auch offizielle Namensverzeichnisse, die nach Bedarf in Toporama eingebaut werden können.
- Eine interessante Idee für die Kartenverwaltung ist die Verwendung von Toporama für den Signaturen-Druck auf den vorhandenen und neu eingehenden Karten: In Toporama eingegebene oder errechnete Signaturen könnten auf unterschiedliche Weise auch auf die Karten oder auf Etiketten gedruckt oder gestempelt werden. Mögliche Geräte und Verfahren sind: Handstempelgerät, Etiketten-Drucker, Transponder-Etiketten.
- Speziell interessant für Kartensammlungen ist auch die Entwicklung einer Benutzerabfrage mit einer graphisch- räumlichen Suche nach Karten.

Toporama

Joachim Lamatsch

Der Begriff Toporama entstammt dem Portugiesischen und bedeutet panorama de um determinado lugar [Übersicht eines bestimmtes Ortes] *abgeleitet aus Griechisch:* tópos [der Ort] *und* hórama [das Sehen, der Anblick]

Räumlich und visuell katalogisieren

Toporama ist ein räumlicher visueller Katalog für Karten. Räumlich, weil das geographische Gebiet welches eine Karte abdeckt katalogisiert und recherchierbar gemacht wird. Somit steht diese für Karten naturgemäss wichtigste Angabe, die Ortsangabe, an oberster Stelle im Katalog. Und visuell weil die Kartendaten graphisch in Form einer Karte auf dem Bildschirm sichtbar gemacht werden. Im Vergleich zu rein abstrakten Textbeschreibungen sind durch die bildliche Unterstützung Katalogarbeiten wie Dateneingabe und Recherche weniger anstrengend, weniger fehleranfällig, schneller und treffsicherer, machen mehr Spass und bieten mehr Information im Überblick.

Technisch basiert Toporama auf der GIS-Technologie (Geographisches Informations-System) und baut auf der Produktpalette der Firma ESRI® auf. Die lokale Version zur Bearbeitung des Katalogs verwendet die verbreitete Software ArcView®. Diese Produktfamilie und die zugehörigen Dateiformate werden weltweit verwendet und halten mit den aktuellen technischen und normativen Entwicklungen Schritt.

Toporama ist im Laufe der letzten 16 Jahre aus der Praxis heraus entstanden und wurde bis vor ein paar Jahren nur von uns intern zur Ausarbeitung und Kontrolle von Kartenlieferungen verwendet. Inzwischen bieten wir die Software und die zugehörigen Daten auch den daran interessierten Kartensammlungen an.

Karten suchen

Der Nutzer findet Karten in Toporama durch die Angabe der wesentlichen Merkmale Ort, Massstab, Thema und eventuell Zeit, wobei die Ortsangabe relativ flexibel gestaltet werden kann. Hier ein paar Beispiele für mögliche Suchanfragen:
- Ich suche eine aktuelle Karte von Urach im Schwarzwald, weiss aber nicht genau wo bzw. auf welchem Kartenblatt Urach liegt.

- Haben Sie eine hydrologische Karte der französischen Schweiz im ungefähren Massstab von 1:200.000 ?
- Ich bräuchte alle Karten von 1850 bis 1950 zwischen 1:10.000 und 1:100.000 im Umkreis von ca. 50 km von Danzig.
- Wir suchen alle, auch die alten, topographischen und geologischen Karten entlang der Elbe zwischen Strehla und Torgau zum Vergleich zwischen früher und heute.

Eine Standard-Suche läuft dabei nach folgendem Muster ab:
Zuerst wird das angezeigte Kartenbild auf dem Bildschirm zur gewünschten Stelle verschoben und dann vergrössert bis das gesuchte Gebiet sichtbar ist. Ist nicht bekannt, wo das gesuchte Objekt sich befindet, wird über eingebundene geographische Namensverzeichnisse die gesuchte Stelle von Toporama angezeigt.
Dann wird ein Rechteck um das gesuchte Gebiet gezogen. Danach können weitere Einschränkungen zu Massstab, Thema und Zeitraum gemacht werden.

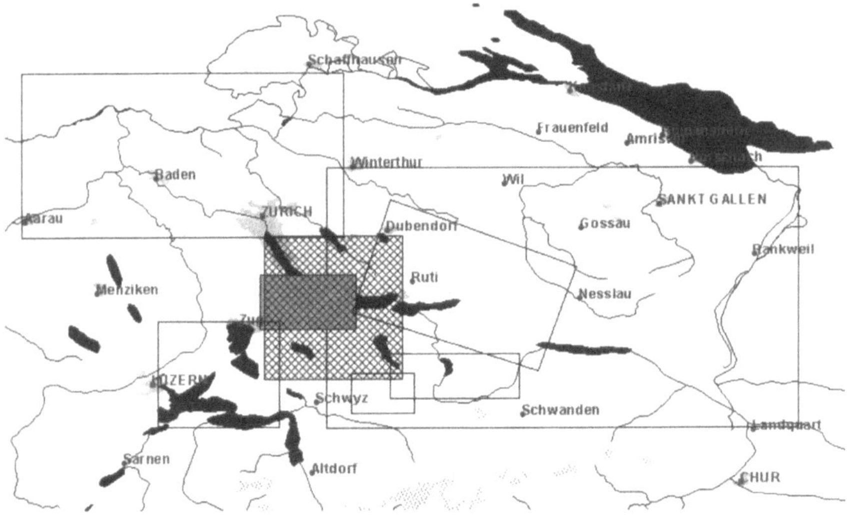

Graphisches Ergebnis einer Kartensuche: im Hintergrund eine einfache Karte aus Landesumriss, Städten, Flüssen und Seen, das schraffierte Rechteck kennzeichnet das recherchierte Gebiet, die anderen Rahmen kennzeichnen die gefundenen Karten, von denen eine rot hervorgehoben ist.

Es erscheint eine einfache Graphik und eine Trefferliste in Kurzform, aus der dann gewählt werden kann, welche Voll-Einträge daraus interessieren oder welche gescannten Karten daraus angezeigt werden sollen. Wurde beispielsweise ein bestimmter Ort gesucht, sieht man auch gleich, an welcher Stelle auf der Karte der Ort ungefähr zu finden ist.

Neben solch gezielten Abfragen können auch die Gesamtbestände von einzelnen Kartenwerken angesehen oder andere Übersichten zu gesamten Ländern erzeugt werden.

Bestand erfassen, Indexkarten

Die Katalogisierung mit Toporama ist einfach zu erlernen, es sind keine besonderen Vorkenntnisse dazu erforderlich. Karten können zügig erfasst werden, auch für grosse Sammlungen steht damit ein Instrument zur Verfügung mit dem der gesamte Bestand mit realistischem Aufwand in absehbarer Zeit erfasst oder räumlich katalogisiert werden kann.

Die Eingabe der Daten in den Katalog kann aus den unterschiedlichsten Quellen erfolgen. Neben der ersten Erfassung anhand der vorliegenden Karte selber oder dem Übertragen von bereits katalogisierten Beständen aus Karteikarten, Listen oder Übersichtsnetzen auf Papier, können auch Daten aus Dateien oder anderen Systemen entweder einmalig übernommen oder laufend eingelesen werden.
Auch eingescannte Karten, Luft- und Satellitenbilder können katalogisiert werden. Sind Karten als Bilddatei gespeichert, kann das Bild in den Katalog mit aufgenommen und angezeigt werden.

Eine wesentliche Hilfe bei der Dateneingabe sind die Indexkarten von Toporama. Dies sind normalerweise digitalisierte Übersichtsnetze bzw. elektronische Indexblätter mit Koordinaten, Blattnummern und Blattnamen. Mit ihrer Hilfe wird das Erfassen und Pflegen von vielen Kartenwerken, welche bei grossen Sammlungen oft die zahlenmässig meisten Karten beinhalten, eigentlich erst möglich. Die Erfassungsarbeit funktioniert dabei im Prinzip wie bei den Übersichtsnetzen auf Papier durch Markieren der einzelnen Kästchen bzw. Blattnummern. Dabei sind der Art der Indexkarten keine Grenzen gesetzt, auch unregelmässige, mehrfach überlappende, nicht rechteckige oder gekrümmte Blattschnitte werden verwaltet.

Weitere Erleichterungen der Arbeit mit Indexkarten sind:
- Koordinaten, Blattnummern und Blattnamen müssen nicht für jede Karte einzeln eingetippt werden, Das Programm macht diese Angaben von allein.
- Je nach Indexkarte und Bestand können pro Stunde bis zu mehrere Hundert Karten räumlich erfasst werden.
- Es können je Kartenblatt mehrere Ausgaben eingegeben werden ohne dass die Anzeige mit der Zeit unübersichtlich wie bei Übersichten auf Papier wird. Die Dar-

stellung der vorhandenen Karten auf der Indexkarte kann individuell verändert werden.

- Es kann mit mehreren Nummerierungs-Systemen gearbeitet werden. Dies ist insbesondere bei Serien wichtig, deren Nummerierung im Laufe der Zeit gewechselt hat. Mühsames Suchen der benötigten Nummer entfällt. Auch kann z.B. für die Recherche oder Bestellung eine andere Nummer als für die interne Sortierung verwendet werden.
- Signaturen können nach einstellbarem Schema automatisch errechnet werden und müssen daher nicht manuell eingetippt werden.

Nummer	Editions Jahr	Kartenname	Signatur
143	1970	Bracciano	Ka204: 143/1970
158	1988	Latina	Ka204: 158/1988
144	1972	Palombara Sabina	Ka204: 144/1972
144	1986	Palombara Sabina	Ka204: 144/1986
140	1987	Teramo	Ka204: 140/1987
137	1989	Viterbo	Ka204: 137/1989
137	1978	Viterbo	Ka204: 137/1978
153	1976	Agnone	Ka204: 153/1976
153	1977	Agnone	Ka204: 153/1977
271	1998	Agrigento	Ka204: 271/1998
151	1989	Alatri	Ka204: 151/1989
70	1986	Alessandria	Ka204: 70/1986
114	1971	Arezzo	Ka204: 114/1971
133	1988	Ascoli Piceno	Ka204: 133/1988
69	1988	Asti	Ka204: 69/1988
145	1988	Avezzano	Ka204: 145/1988
33	1972	Bergamo	Ka204: 33/1972
273	1997	Caltagirone	Ka204: 273/1997
268	1999	Caltanissetta	Ka204: 268/1999
162	1999	Campobasso	Ka204: 162/1999
267	1996	Canicatti	Ka204: 267/1996
68	1989	Carmagnola	Ka204: 68/1989
160	1987	Cassino	Ka204: 160/1987
113	1985	Castelfiorentino	Ka204: 113/1985
85	1987	Castelnovo ne Monti	Ka204: 85/1987
270	1987	Catania	Ka204: 270/1987

Nummer	Editions Jahr	Kartenname	Signatur
143	1970	Bracciano	Ka204: 143/1970
144	1972	Palombara Sabina	Ka204: 144/1972
137	1978	Viterbo	Ka204: 137/1978
144	1986	Palombara Sabina	Ka204: 144/1986
140	1987	Teramo	Ka204: 140/1987
158	1988	Latina	Ka204: 158/1988
137	1989	Viterbo	Ka204: 137/1989
149	1970	Cerveteri	Ka204: 149/1970
114	1971	Arezzo	Ka204: 114/1971
33	1972	Bergamo	Ka204: 33/1972
121	1972	Montepulciano	Ka204: 121/1972
135	1973	Orbetello	Ka204: 135/1973
142	1973	Civitavecchia	Ka204: 142/1973
32	1973	Como	Ka204: 32/1973
44	1973	Novara	Ka204: 44/1973
136	1974	Tuscania	Ka204: 136/1974
153	1976	Agnone	Ka204: 153/1976
153	1977	Agnone	Ka204: 153/1977
99	1977	Faenza	Ka204: 99/1977
150	1981	Roma	Ka204: 150/1981
45	1981	Milano	Ka204: 45/1981
107	1982	M. Falterona	Ka204: 107/1982
46	1983	Treviglio	Ka204: 46/1983
72	1983	Fiorenzuola d'Arda	Ka204: 72/1983
84	1983	Pontremoli	Ka204: 84/1983
159	1983	Frosinone	Ka204: 159/1983
80	1984	Cuneo	Ka204: 80/1984

Serie zu Italien 1:100.000. Graphik und Tabelle parallel in zweierlei Anzeigen und Sortierungen.

- Mehrere Kartenwerke, z.B. alle geologischen, mit jeweils nur wenigen erschienenen Karten können auf einer gemeinsamen Übersicht zusammengefasst werden.
- Bestellungen von fehlenden oder neuen Blättern können ausgearbeitet werden. Toporama findet die Lücken und die veralteten Ausgaben.
- Eingehende Lieferungen können durch Vergleich mit dem vorhandenen Bestand auf Korrektheit und Dubletten überprüft werden.

Koordinaten sind die Voraussetzung

Sowohl die räumliche Erfassung und Recherche nach Karten und Ortsangaben unterschiedlichster Art (z.B. Länder, Städte, Flüsse, Grenzen, Blattnummern oder sonstige geographische Codierungen), wie auch deren kartographische Darstellung sind ohne Koordinaten nicht möglich. Die Erfassung der Koordinaten entpuppt sich bei näherer Betrachtung aber schnell als höchst umfangreiches und kompliziertes Unterfangen. Hier eine kurze Auflistung von auftretenden Fragen und Schwierigkeiten:

- Habe ich Koordinaten für geographische Namen und andere Ortsangaben ?
- Ein Fluss ist kein Punkt wie eine Stadt, (und eine Stadt eigentlich auch nicht). Welche Koordinaten sollen für einen Fluss gespeichert werden ?
- Was soll bei Karten erfasst werden ? Der Mittelpunkt oder die jeweils maximalen bzw. minimalen Werte von Nord/Süd und Ost/West ?
- Was mache ich bei alten Karten welche nicht genordet sind ?
- Wenn keine Koordinaten auf der Karte angegeben sind, wie kann ich diese wenigstens näherungsweise bestimmen ?
- Wenn mehrere Koordinaten angeben sind: Welche nehme ich ?
- Welche Koordinaten verwendet der vorliegende Blattschnitt ? Wie rechne ich die Koordinaten um ? Um welches geodätische Bezugssystem, um welche Projektion und um welche Masseinheit handelt es sich ?
- In welches einheitliche System soll ich die Koordinaten umrechnen ? Woher bekomme ich die ganzen Umrechnungsformeln ? Kann ich die Formeln verstehen und anwenden ?
- Muss ich die original verwendeten Koordinaten eines Übersichtsblatts eingeben damit ich auch die originale Projektion anzeigen kann ?
- Wie kann ich meine Koordinaten auf Plausibilität und Korrektheit prüfen ?

Mit all diesen und ähnlichen Fragen zur komplexen Natur der Koordinaten kommt man bei der Arbeit mit Toporama aber gar nicht in Berührung. Denn einerseits sind die Koordinaten grösstenteils in der Form von allgemeinen Kartendaten und den Indexkarten bereits im Katalog enthalten - allein die Indexkarten bringen es dabei auf mehrere Millionen Koordinaten. Und andererseits können nicht bekannte Koordinaten durch spezielle Methoden bestimmt oder zugeordnet werden. Die Software erkennt oder erfasst sozusagen die Koordinaten für uns automatisch im Hintergrund.

Neben den üblichen Leistungen wie Erstellen und Pflegen einer einheitlichen Datenbank für die Speicherung von Text und Bild ist diese Bereitstellung und Zuordnung von Koordinaten die eigentliche Arbeit von Toporama.
Dies kommt auch beim Übernehmen von bereits bestehenden Katalogdaten oder anderen Kartendaten zum Tragen. Ein gesamter Datenbestand kann je nach Ausgangslage halb- bis vollautomatisch importiert werden, wobei den Daten so viele Koordinaten wie möglich zugeordnet werden. Danach ist der Datenbestand visualisierbar und kann räumlich und interaktiv abgefragt werden.

Gemeinsamer Katalog für Raumdaten

Digitale Daten oder Karten sind also im Hintergrund des Kataloges von vorne herein eingebunden um die analogen Karten überhaupt erfassen zu können. Fast beliebige weitere digitale Daten können katalogisiert oder integriert werden. Hier näher auf die mannigfaltigen Möglichkeiten einzugehen würde aber diesen Artikel sprengen. Ebenso würden Ausführungen zu den zusätzlichen Möglichkeiten von Toporama im Internet über den Rahmen dieses Artikels hinausgehen.

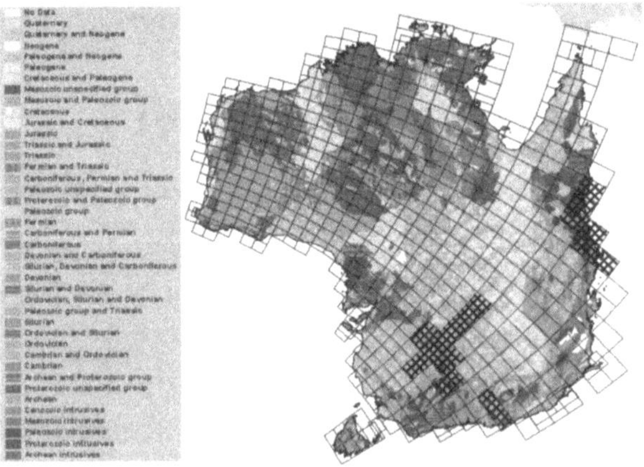

Ein Kartenwerk fett schraffiert dargestellt zu Australien 1:250.000 mit einer geologischen Karte als Hintergrund in besonderer Projektion

Zusammenfassend entsteht mit Toporama also ein gemeinsamer Katalog oder eine Schnittstelle zwischen den „alten" analogen Kartenbeständen aus Papier und der

„neuen“ digitalen Karteninformation. In der Anzeige auf dem Bildschirm werden die unterschiedlichen Kartentypen ähnlich wie transparente Folien übereinandergelegt.

Toporama wird mit dem Ziel eines allgemeinen und gemeinsamen Kataloges für Raumdaten weiter entwickelt, um möglichst vielfältige Informationen mit räumlichem Bezug, welche in einer Kartensammlung anfallen, in einer oder mehreren passenden Formen zu katalogisieren und recherchierbar zu machen. Es entsteht dabei eine Art internationaler elektronischer Atlas.

Lizenzen, Kosten

Für den lokalen Einsatz innerhalb einer Kartensammlung kann Toporama® zusammen mit ArcView® und umfangreichen Daten pauschal lizenziert werden. An mindestens 10 Arbeitsplätzen können Toporama®, ArcView® und die Daten innerhalb der Kartensammlung verwendet werden. Inbegriffen sind in den Lizenzgebühren u.a. Schulung vor Ort zu Installation und Anwendung, Unterstützung per Telefon oder per E-mail, Aktualisierung von Daten und kleinere Verbesserungen der Software. Zu beachten ist, dass auch ArcView® und weltweite Daten von ESRI® in vollem Leistungs-Umfang zusammen mit Toporama® lizenziert werden. ArcView® kann auch für viele andere Bild- und GIS-Arbeiten in einer Kartensammlung eingesetzt werden und ist gerade im Bibliotheksbereich bereits stark verbreitet.

Zusätzlich zu diesem pauschalen Paket werden je nach Umfang der Sammlung die benötigten Indexkarten erworben. Zum gegenwärtigen Zeitpunkt sind ca. zwei Drittel aller gängigen Übersichtsnetze weltweit als Indexkarte fertiggestellt.

Der Einsatz im Internet kann auf unterschiedliche Arten und mit unterschiedlichem Niveau realisiert werden. Einzelne HTML-Seiten mit statischen Bildern können bereits mit der lokalen Version generiert werden. Ein professionelles Angebot im Internet, welches dann auch für die wissenschaftlichen Nutzer interessant wird, erfordert jedoch hochwertige, komplexe und nur durch Fachpersonal zu wartende Software.

Nachtrag

Obige Beschreibungen der lokalen Version von Toporama sind erfreulich aktuell. Der Programmaufbau und die Datenstruktur haben sich weiter bewährt und können als ausgereift bezeichnet werden. Die lokale Version dient insbesondere der Eingabe und Pflege der Daten, die in einem möglichst rohen Format gespeichert werden. Dadurch können die Daten leicht in andere Formate oder Datenbanken exportiert werden und umgekehrt können vielerlei Daten importiert werden.

Die Lösung im Internet ist in der Zwischenzeit um einiges einfacher geworden. Toporama besteht serverseits (der oder die Rechner auf denen Programm und Daten sich befinden) aus den drei Schichten Datenbank, Kartenserver bzw. Datenserver und Applikationsserver, der die Anfragen vom Nutzer empfängt, die Antworten von Karten- und Datenserver holt und an den Nutzer zurücksendet. Der Applikationsserver und der Datenserver sind in Komponenten in PHP programmiert, also in einzelnen Bausteinen, die ohne sonstige Änderungen ausgetauscht werden können.
Als Kartenserver wird der kostenpflichtige ArcIMS® von ESRI® eingesetzt, dessen umfangreiche Funktionalität aber nicht unbedingt benötigt wird, und der in absehbarer Zukunft auch durch ein Open Source Produkt ausgetauscht werden kann. Für alle anderen Drittprodukte wird die am weitesten verbreitete freie Open Source Familie Linux, Apache, PHP und mySQL eingesetzt. Weitere Software, wie z.B. eine Servlet Engine, werden nicht benötigt. Die Systemwartung wird durch diese minimale Anzahl von verwendeten Softwareprodukten vereinfacht.

Obwohl ein beträchtlicher Datenbestand mit weltweiter Abdeckung bis zum Maßstab von ca. 1:20.000 abgefragt wird, konnte durch eigene Entwicklungen auf Anbindungen an kostenpflichtige Datenbanken verzichtet werden. Diese Anbindungen sind jedoch möglich, ebenso wie die Verwendung anderer als der oben erwähnten Produkte.

Auf Clientseite (der Rechner des Nutzers) wird nur HTML bzw. XML und Java Script eingesetzt. Plug-ins, Java Applets und Cookies werden nicht verwendet. Dadurch entstehen Internetseiten, die auf fast allen Systemen korrekt angezeigt werden und beim Nutzer in der Regel keine Sicherheitsfragen erzeugen und keine besonderen Einstellungen oder gar zusätzliche Installationen erfordern.

Die Indexkarten, von denen inzwischen die gängigsten weltweit erstellt sind, werden laufend gepflegt, wobei zum Beispiel neue Blätter hinzugefügt werden oder die Genauigkeit der Koordinaten verbessert wird. Neu erstellt werden noch kleinere und exotischere Indexkarten.

F. Kartensammlung und Internet

Kartensammlung und Internet

Jürg Bühler

Das Internet im Dienste der Kartensammlung - diese Vorstellung ist heute Wirklichkeit. Am Beispiel der Kartensammlung der ETH Zürich sollen hier einige Beispiele der Vielfalt der Internet-Möglichkeiten für die Kartennutzung und die Kartenverwaltung aufgezeigt und kommentiert werden.

Die Kartensammlung im Internet - Warum eigentlich?

Das Internet ist ein Fenster zur Öffentlichkeit und es gilt diese Chance zu nutzen. Die Anwendungsmöglichkeiten in einer Kartensammlung sind zahlreich: Informationen über die Sammlung, Suchinstrumente für Kartendokumente und Angebote von eigenen oder externen digitalen Produkten.

Wir können 3 Ebenen unterscheiden:

- In der allgemeinen Information wird über die Kartensammlung orientiert: Öffnungszeiten, Benutzungsbedingungen, Arbeitsmöglichkeiten, Kataloghilfen.
- Die Suchinstrumente für Kartendokumente reichen vom Link zum Bibliotheks-OPAC über die elektronischen Indexblätter der Kartenwerke bis hin zum Internet-Kartenkatalog.
- Das Angebot an eigenen oder externen digitalen Produkten kann die Kunden beispielsweise zu digitalen Kartenarchiven oder thematischen virtuellen Kartenbibliotheken, zu wichtigen Online-Ortsregistern, zu Literaturlisten oder zu Weiterbildungsprogrammen führen.

Interne Information wird öffentlich, neue Angebote wecken das Interesse für Kartenbibliotheken. Wir schaffen weltweite Präsenz für unsere Sammlung und damit auch die notwendige Public Relation.
Doch wie ist ein Internet-Auftritt zu schaffen? Meist steht uns Kartenbibliothekaren kein professioneller Webmaster zur Verfügung. Wir müssen die Arbeiten selber zur Hand nehmen:

- Eine Homepage und weitere Webseiten kreieren,
- interessante Links im Internet finden und in unsere Webseiten integrieren,

- eigene Bestände digitalisieren und zu einem digitalen Kartenarchiv oder zu thematischen Produkten gestalten.

Kartenbibliothekare haben zu lernen, wie mit HTML Webseiten erstellt werden können. Sie müssen sich im Internet optimal zurechtfinden können, um effizient wichtige Inhalte zu finden und die Links dazu in die eigene Umgebung einzubetten. Für die Gestaltung der Internetseiten ist eine gewisse graphische Kreativität notwendig. Diese Aufgaben sind mit beträchtlicher Mehrarbeit und einer Menge neuen Wissens verbunden.

Anderseits können wir aber auch von der Arbeit anderer Kollegen profitieren, z.B. mit Kopieren von Indexblättern und Bestandeslisten anderer Sammlungen auf dem Internet, durch die Nutzung interessanter Links anderer Webseiten und mit intensiven Kontakten bei der Lösung von Fachfragen. Ein Wissensnetz unter Fachkollegen soll sicherstellen, dass wir dank Synergieeffekten die zusätzliche Arbeit im Bereich Internetpräsenz auch schaffen. Unter diesem Aspekt sind auch die folgenden Ideen zu sehen. Sie werden am Beispiel der ETH-Kartensammlung Zürich aufgezeigt, auf die sich auch die angegebenen WWW-Adressen beziehen.

Die Homepage "Kartensammlung" *http://www.ethbib.ethz.ch/ks/*

Für die Kunden stellt sich zunächst die Frage: Wie ist die Homepage der Kartensammlung im Internet zu finden? Meistens können drei Standardwege unterschieden werden:

- Auffinden über die direkte WWW-Adresse, z.B. *http://www.ethbib.ethz.ch/ksl*
- Auffinden über die eigene Bibliothek, z.B. *http://www.ethbib.ethz.ch* und der Wahl "Sammlungen", "Kartensammlung", "Karten" etc.
- Auffinden über eine Internet-Suchmaschine mit der Suche "Kartensammlung" bzw. "Map collection" oder über eine relevante Internet-Adresse, wie die der "Odden's Bookmarks" *http://oddens.geog.uu.nl/index.html* oder "Die Welt der Karten" *http://www.maps.ethz.ch/*

Die Homepage dient dazu, die Kartensammlung und ihre verschiedenen Angebote vorzustellen. Diese sind mittels übersichtlich angeordneter "Tasten" aufrufbar.

Die Informationen und Angebote der Kartensammlung können in drei Kategorien eingeteilt werden:

- Ebene 1: Information
- Ebene 2: Suchinstrumente
- Ebene 3: Digitale Produkte und Angebote

Die Homepage:

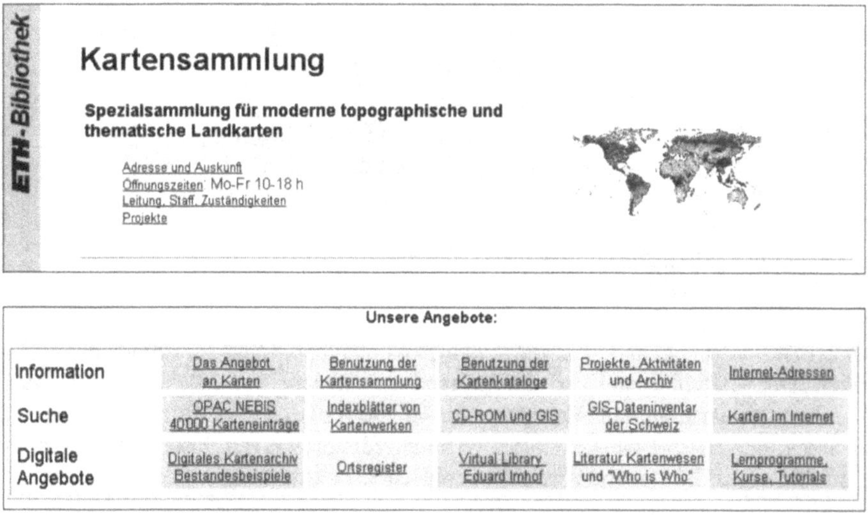

1. Ebene : Information

1.1. Information über die Kartensammlung und ihre Nutzung

Hier sind Informationen über die Kartensammlung (Angebot an Karten, Kontaktpersonen) und ihre Nutzung (Adresse, Öffnungszeiten, Benutzungsbedingungen, Arbeitsmöglichkeiten) aufgelistet. Im Weiteren führt ein direkter Link zu digitalen Kartenbeispielen des Sammlungsbestandes.

1.2. Information über die Benutzung der Kataloge
http://www.ethbib.ethz.ch/ks/kartensuche.html

Die Kataloghilfe bietet Informationen über die Kartennachweise im Katalog

- Suchstrategien
- Sachabfrage (mit einer Liste der Kartensachgebiete)
- Freie Suche mit beliebigen Suchwörtern und Indexsuche (nach Listen)

2. Ebene : Online-Kataloge und Rechercheinstrumente

Karten können mit ganz verschiedenen Suchinstrumenten gefunden werden:

- im Online-Katalog der Bibliothek (OPAC NEBIS),
- über die Indexblätter der Kartenwerke,
- über Bestandeslisten von CD-ROM- und GIS-Produkten,
- über das Internet-Suchinstrument "Die Welt der Karten".

2.1. Online-Verbundkatalog NEBIS
http://opac.nebis.ch/ALEPH/

Der NEBIS-Verbundkatalog umfasst den Dokumentenbestand von rund 60 Bibliotheken. Der Kartenbestand und der Bestand an Atlanten und Büchern der Kartensammlung ist darin vollständig erfasst. In 40.000 Records sind die 300.000 Karten der Sammlung nachgewiesen. Kartenwerke allerdings sind nur unter dem Gesamttitel zu finden, auf Blattebene wird mit graphischen Indexblättern recherchiert.

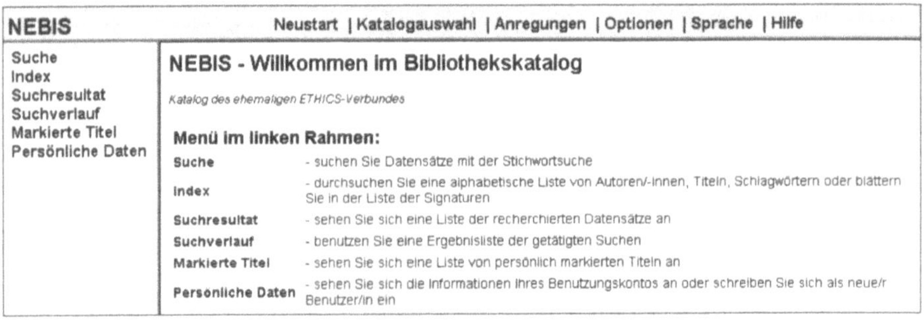

2.2. Übersichtsnetze von Kartenwerken
http://www.ethbib.ethz.ch/ks/indexblaetter.html

Die meisten Blätter von Kartenwerken können nicht im OPAC gefunden werden. Für diese Information werden graphische Indexblätter von Kartenwerken benötigt.

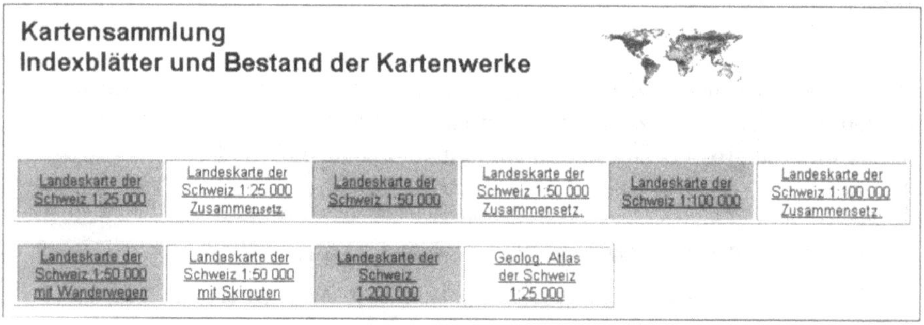

In der Webseite kann die gewünschte Kartenserie ausgewählt werden (oben).
In der verweis-sensitiven Indexkarte kann auf das Feld der gewünschten Blattnummer geklickt werden, um in der Bestandesliste die Ausgaben des Kartenblattes einzusehen.

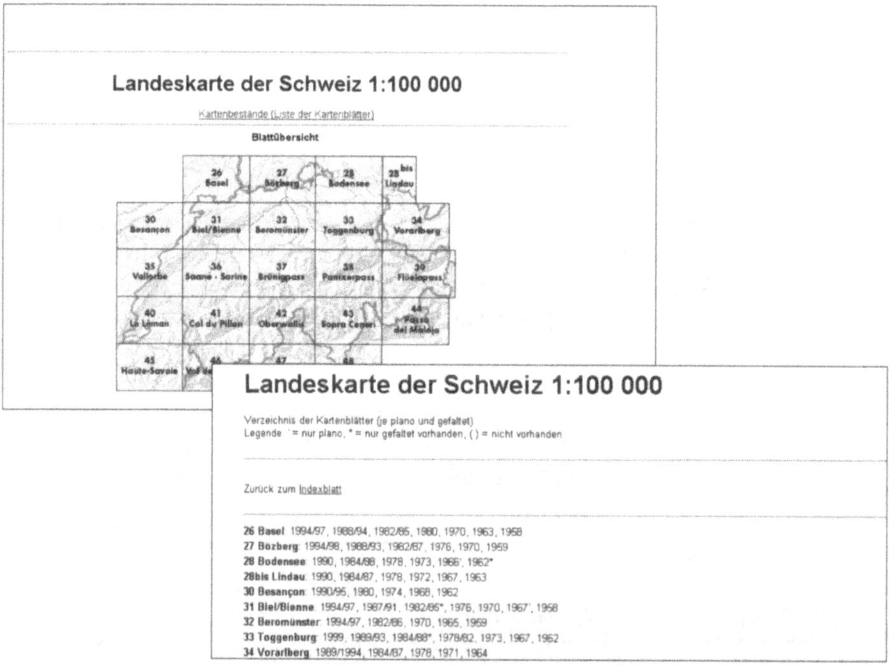

Wolfgang Crom, Berlin, hat diese Technik verweis-sensitiver Übersichtsnetze mit Bestandeslisten entwickelt und im Januar 1999 in einem Workshop vorgestellt. Sie sind relativ leicht herzustellen und daher auch für kleinere Kartensammlungen geeignet.

2.3. CD-ROM-Angebot

http://www.ethbib.ethz.ch/ks/cd-rom.html

Das CD-ROM-Angebot der Kartensammlung wird in einer Internet-Liste nachgewiesen: Rund 200 Produkte digitaler Karten und Raumdaten können lokal auf 3 Benutzer-PCs mit grossem Bildschirm aufgerufen und benutzt werden.

2.4. "Die Welt der Karten" - Suchinstrument für Karten im Internet

http://www.maps.ethz.ch/

„Die Welt der Karten - The World of Maps" ist ein umfassendes Internet-Suchinstrument für das gesamte Kartenwesen. Es enthält mehrere tausend Links zu digitalen Karten und Raumdaten. Digitale Karten aber auch Adressen zu andern großen Linksammlungen von kartographischem Material können über die geographische oder die thematische Suche gefunden werden.

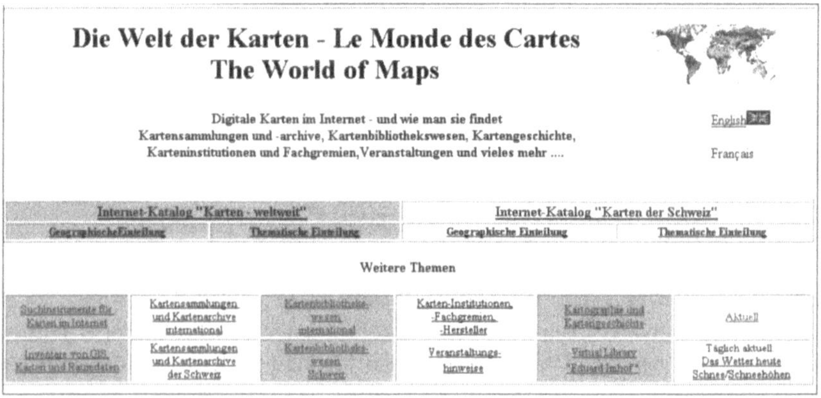

Zahlreiche Nachweise finden sich auch zu weiteren speziellen Themen aus dem Kartenwesen:
Suchinstrumente für Karten im Internet, Kartensammlungen und Kartenarchive, Kartenbibliothekswesen, Karteninstitutionen, Veranstaltungshinweise, Kartographie und Kartengeschichte.

3. Ebene : Online-Produkte und Angebote

3.1. Das digitale Kartenarchiv

Das digitale Kartenarchiv zeigt in rund 100 Bildern gescannter Karten einen Querschnitt durch den eigenen Kartenbestand, in typischen Kartenbeispielen aus dem Bereich der topographischen und thematischen Karten, versehen mit einer kurzen bibliographischen Beschreibung.

Magnetic anomaly map of Australia. - 1:25 000 000. -
[Canberra] : AGSO, 1993. - 1 Karte ; 20 x 26 cm
Bestell-Nr.: K 564 051

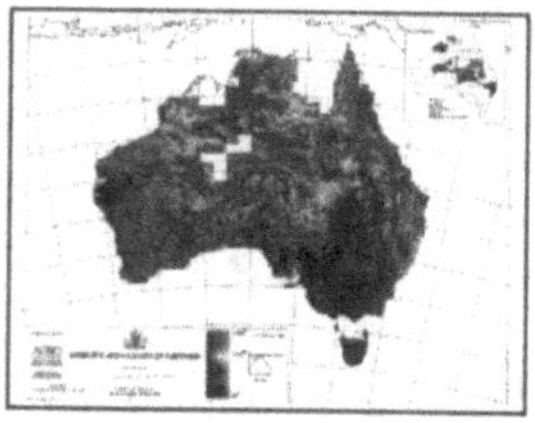

Übersichtsplan der Stadt Zürich. - 1:5 000. -
Zürich : Vermessungsamt der Stadt Zürich, 1995. - 58 Karten ; je 27 x 39 cm
Bestell-Nr.: K P 515 002 : 32

3.2. Ortsregister online

http://www.ethbib.ethz.ch/ks/ortsregister.html

Ortsregister, online ab Internet abrufbar, sind wertvolle Hilfsmittel im Bereich der Karten. Entsprechend geschätzt wird die Webseite mit Links zu zahlreichen solchen Werken.

Als Ergänzung zu diesem Angebot ist auf einer Access-Datenbank ein "World Gazetteer" aus der Datenbank des Registers des Bartholomew Times Atlas aufgebaut worden. Er enthält weltweit einige 100.000 Namen, die mit verschiedenen Suchmöglichkeiten (Name, Land, Koordinaten etc.) gefunden werden können.

Wir planen, diesen World Gazetteer mit den elektronischen Indexblättern TOPO-RAMA zu verbinden. Damit entsteht die Möglichkeit, sich auf einem Indexblatt einen beliebigen Ortsnamen anzeigen zu lassen und auf diese Weise festzustellen, auf welchem Kartenblatt dieser Name zu finden ist.

3.3. Bildung und Weiterbildung aus dem Internet

a) Literatur zum Kartenbereich
http://www.maps.ethz.ch/gdc-education2.html
Die nützliche Webseite entstand aus einer Arbeit für die "Groupe des Carthécaires de LIBER": Mehrsprachige Literaturlisten über die Themen Kartenbibliothekswesen, Kartengeschichte und GIS/Kartographie bieten reichhaltige Information und viel Fachwissen an.

b) "GdC-Campus: Tutorials and Courses" - online
http://www.maps.ethz.ch/gdc-education4.html
Als Ergänzung zur oben erwähnten Literaturliste wurde eine Sammlung von Links mit kostenlosen Kursen, Lernprogrammen und Nachschlagewerken für unseren Fachbereich zusammengestellt.

c) "Who is Who in Map Librarianship"
http://www.maps.ethz.ch/gdc-education6.html
Die Liste "Who is Who in Map Librarianship" schliesslich gibt Auskunft, welche Kolleginnen oder Kollegen auf welchen Fachgebieten um Rat angegangen werden können.

3.4. "Virtual Library Eduard Imhof" - Kartographiegeschichte im Internet
http://www.maps.ethz.ch/imhof.html

Ein eigenes digitales Kartenprodukt aus den Beständen einer Kartensammlung repräsentiert die "Virtual Library Eduard Imhof". Sie zeichnet den Weg auf vom kartographischen Originaldokument auf Papier über die Sicherheitsverfilmung hin zu einem interessanten thematisch aufgearbeiteten Produkt im Internet - vom Archivdokument zur weltweiten Information. Sie präsentiert sich in über 50 Webseiten mit über 100 Bildern in 11 Kapiteln, einem biographischen Teil und bibliographischen Angaben über die Originale - eine Fundgrube für kartengeschichtlich Interessierte und für Kartenliebhaber.

Schlussfolgerung

Das Internet bietet Kartensammlungen zahlreiche Möglichkeiten:

- Information über die Sammlung
- Verbindung zu Online-Bibliothekskatalogen und GIS-Dateninventaren
- Aufbau eines Internet-Suchinstrumentes für Karten
- Welt-Ortsregister online
- Nutzung elektronischer Übersichtsnetze von Kartenwerken
- Digitalisierung von eigenen Beständen und Aufarbeitung zu einem Internet-Produkt

Mit dem Internet eröffnet sich den Kartenkuratoren ein weites und äusserst interessantes Betätigungsfeld zur Rationalisierung der Arbeit und zur Information und Bereitstellung neuer Angebote für die Kunden.

"Die Welt der Karten - The World of Maps": ein Portal zur Suche nach Karten im Internet

Jürg Bühler

Das Internet ist der wohl weltweit größte Informationspool; fast sicher ist eine gewünschte Information darin enthalten. Aber ist sie auch zu finden? Gerade mit den großen Suchmaschinen stossen wir an Grenzen: Das Problem liegt meist nicht an einem Zuwenig an Treffern sondern an einem Zuviel: Was soll man anfangen, wenn sich das gesuchte Dokument unter 300.000 andern Dokument verbirgt und die Suche nur Seite für Seite vorangetrieben werden kann? Auch ist die Suche mit kombinierten Begriffen nicht immer zuverlässig.

Suchbegriff(e)	**Altavista**	**Hotbot Lycos**
"map"	About 25,975,190 pages	16,677,300 matches
"map europe"	5,833 pages	1,045,600 matches
"map AND europe	29,692,820 pages	1,045,400 matches
"map germany"	1,125 pages	658,700 matches
"map AND germany"	28,017,180 pages	611,000 matches
"geological map germany"	3,493,992 pages	15,900 matches
"geological AND map AND germany"	17,443,765 pages	15,900 matches

Mit der beliebten Suchmaschine YAHOO ist zwar ein sinnvoller Einstieg über "Geography / maps" möglich, doch das Trefferresultat ist auch hier nicht sehr zufriedenstellend.

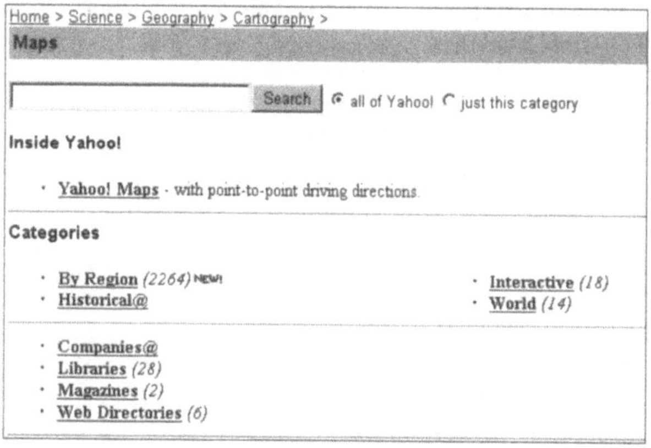

Der beste Einstieg dürfte immer noch eine Webseite sein, die das gewünschte Thema ins Zentrum setzt. So auch bei der Suche nach Karten: 10-20 gute WWW-Adressen öffnen auf eine schnelle Art und Weise den Zugang zu Tausenden von Karten. Vier Beispiele seien hier aufgeführt:

- Oddens Bookmarks "The Fascinating World of Maps and Mapping"
  http://oddens.geog.uu.nl/index.html
- Perry-Castañeda Library Map Collection, University of Texas
  http://www.lib.utexas.edu/maps/index.html
- Alexandria Digital Library
  http://alexandria.sdc.ucsb.edu/other-sites/
- Maps and References, Univ. of Iowa, Global & Regional Environment Research
  http://www.cgrer.uiowa.edu/servers/servers_references.html

Kennen die Recherchierenden diese Adressen, können sie sich sehr leicht im gewünschten Bereich bewegen, neue Wege finden und zu guten Resultaten kommen. Wie aber stösst man auf solche wichtigen Links für das gewünschte Interessensgebiet?

Hier ist ein "Portal" zum Einstieg in die Suche nach Karten notwendig, das in den Fachkreisen bekannt ist und im Internetbereich der Kartensammlungen an prominenter Stelle angeboten wird. Die Schaffung eines solchen Portals oder Gateway's für Karten und das Kartenwesen war das Ziel der zweisprachigen Webseiten "Die Welt der Karten - The World of Maps".
Mit diesem Instrument ist es nun möglich, Karten im Internet zu eruieren. An Stelle eines erfolglosen Herumservens wird der Kunde mit den angelegten „Suchautobahnen" nahe an die gewünschten Produkte geführt, in der Regel zu einer WWW-Adresse, welche als Institution irgendwelche Karten oder Raumdaten anbietet. Daneben sind ausgewählte Karten direkt online aufrufbar.

"Die Welt der Karten - The World of Maps - WWW-Portal zur Kartensuche

http://www.maps.ethz.ch/

"Die Welt der Karten - The World of Maps" ist ein umfassendes Internet-Suchinstru-ment für das gesamte Kartenwesen. Es enthält mehrere tausend Links zu digitalen Karten und Raumdaten, sowie zu Metadatenbanken. Das Kernstück dieses Suchinstrumentes ist der geographische und thematische Internet-Kartenkatalog:

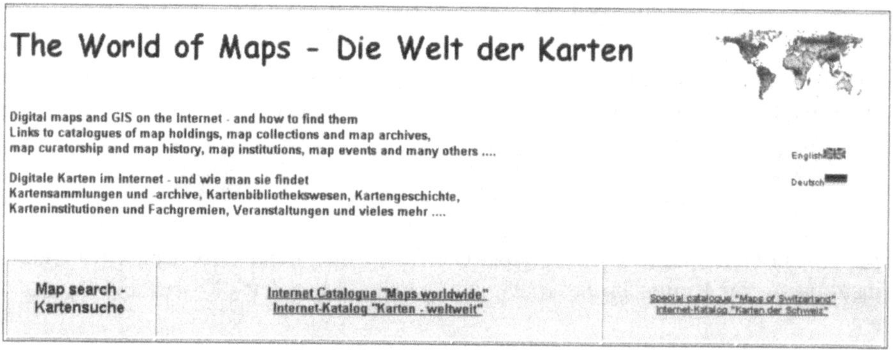

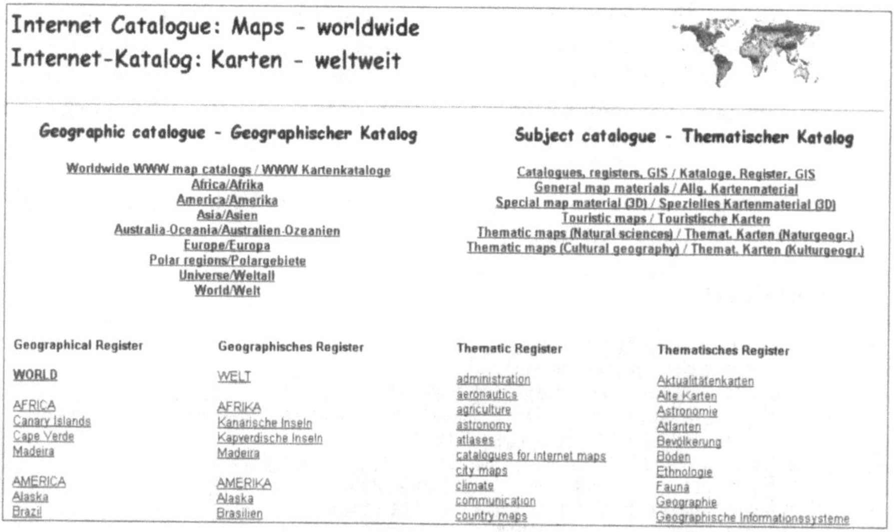

Der Kartenkatalog enthält sowohl Online-Karten wie auch Metadaten zum Auffinden von Karten und Raumdaten:

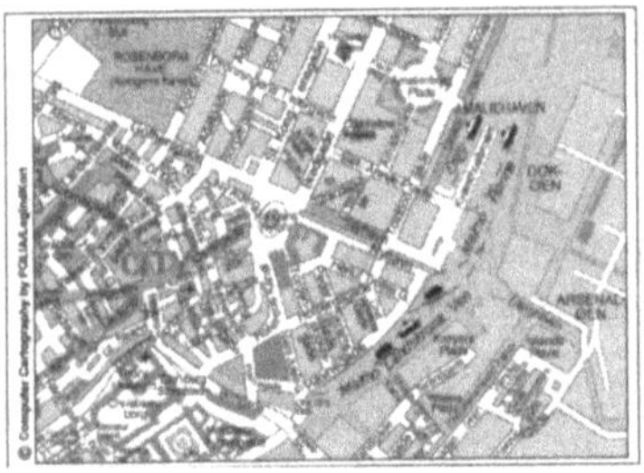

WWW-Kartenkataloge

- Odden's Bookmarks "The Fascinating World of Maps and Mapping"
- Digital Map Catalogue (Perry-Castaneda Library Map Collection, University of Texas)
- World - Maps of all Countries (PCL)
- Alexandria Digital Library, World
- Geography Guide at the Mining Company
- Maps and References, University of Iowa
- Excite Maps
- BUBL link: Catalogue of internet ressources
- National Geographic Map Machine
- Map Quest !
- WorldAtlas com
- Reliefweb Map Center: Recent events
- World - Links to Maps
- Active Maps World-Wide

Um das Internet-Portal für Karten noch effizienter zu machen, wurde es mit weiteren Webseiten spezieller Themen aus dem Kartenwesen erweitert:

Weitere Themen	Suchinstrumente für Karten im Internet	Inventare von Karten, Raumdaten und GIS	Kartographie und Kartengeschichte	Virtual Library "Eduard Imhof"	Aktuell NEW!
	Kartensammlungen und Kartenarchive	Kartenbibliothekswesen weltweit Literature - Tutorials - Who's Who	Karteninstitutionen, -Fachgremien, -Hersteller	Veranstaltungshinweise	Das Wetter heute Schneeverhältnisse

Für eine erweiterte Suche nach Karten und Raumdaten dienen die Webseiten "Suchinstrumente für Karten im Internet" und "Inventare von GIS, Karten und Raumdaten".

- Die Webseite "Suchinstrumente" bietet Links in vier verschiedenen Ebenen an: kartenspezifische Links mit weltweiter Bedeutung, Links zu den wichtigen allgemeinen Suchmaschinen, Links zu Spezialbereichen mit kartographischer Information (z.B. Geologie), Links zu Bibliotheks-OPACs mit Nachweisen von Kartenbeständen.

- Eine Liste der "Kartensammlungen und Kartenarchive" gibt Auskunft über die Kartensammlungen weltweit.

Deutschland

- Kartensammlung der Universität Augsburg
- Kartenabteilungder Staatsbibliothek zu Berlin
- Kartensammlung der Hessischen Landes- und Hochschulbibliothek Darmstadt
- Kartensammlung der Sächsischen Landesbibliothek - Staats- und Universitätsbibliothek Dresden
- Kartensammlung, Institut für Geologie, Freiberg
- Kartenabteilung der Niedersächsischen Staats- und Universitätsbibliothek Göttingen
- Kartensammlung der Staats- und Universitätsbibliothek Hamburg
- Kartensammlung der Badischen Landesbibliothek Karlsruhe
- Kartensammlung der Universitätsbibliothek Mannheim
- Kartensammlung des Herder-Institutes Marburg
- Kartensammlung der Bayerischen Staatsbibliothek München
- Kartensammlung der Universität Oldenburg
- Kartensammlung der Württembergischen Landesbibliothek Stuttgart

- "Kartenbibliothekswesen weltweit" führt zu Institutionen und Informationen unseres Berufsbereichs. Wichtig sind hier auch die Links zu der "Groupe des Cartothécaires de LIBER" mit Literaturlisten, Lernprogrammen und einem "Who is Who in Map Librarianship".

- In "Karteninstitutionen, Kartenfachgremien, Kartenhersteller" und in "Kartographie und Kartengeschichte" können neben Informationen über die Institutionen oftmals auch Links zu Karten und Raumdaten, zu Kartenkatalogen und Metadaten gefunden werden.

- Die "Veranstaltungshinweise" weisen auf Fachveranstaltungen und Ausstellungen hin.

- Das eigene Produkt einer "Virtual Library Eduard Imhof" zeigt anhand der Originalaufnahmen des bekannten Kartographen ein Stück "Kartographiegeschichte im Internet".

Das Portal "Die Welt der Karten" kann so als eine der effizienten Möglichkeiten gelten, um im Internet Karten und Informationen zum Kartenwesen zu finden.

Metadatenkatalog für Raumdaten - Beispiel Geo-Guide
Ziel und Konzept der Fachinformationsführer

Mechthild Schüler

Am Beginn jeder wissenschaftlichen Forschung steht die Recherche nach Informationsquellen und bereits publizierten Forschungsergebnissen. Mit der Etablierung des WorldWideWeb (WWW) als wissenschaftlichem Kommunikations- und Informationsmedium haben sich die Recherchemöglichkeiten für Wissenschaftler einerseits verbessert, andererseits ist die Fülle vorhandener Informationsquellen zunehmend unübersichtlicher geworden. An diesem Problem setzt das von der Deutschen Forschungsgemeinschaft (DFG) geförderte SSG-Fachinformationsprojekt der Niedersächsischen Staats- und Universitätsbibliothek Göttingen (SUB)[1] an.

Die Fülle vorhandener, wissenschaftlich relevanter Informationsquellen im WWW sollen in übersichtlicher und qualifizierter Form erschlossen werden, wobei dies prototypisch für drei Sondersammelgebietsbereiche (SSG) durchgeführt wird, nämlich für die SSG's:

- Reine Mathematik (MathGuide)[2]
- Geowissenschaften, Geophysik, Geographie, Thematische Karten (GeoGuide)[3]
- Geschichte, Verfassung, Politik, Sprache und Literatur des anglo-amerikanischen Kulturraumes (AngloAmericanGuide)[4]

Suchmöglichkeiten

Ein Nutzer kann, wie er das von klassischen gedruckten Bibliographien gewohnt ist, in einer Fachklassifikation, dem sogenannten *Subject Guide*, nach thematisch interessanten Informationsquellen suchen. Ferner gibt es einen *Formal Guide*, der die Informationsquellen nach formalen Kriterien auflistet und für die Expertensuche eine lokale Suchmaschine, in der die Schlag- oder Stichworte sowie Fachnotationen direkt eingegeben werden. Alle Quellen werden mit englischen Deskriptoren aus anerkannten Fachthesauren sowie mit Fachnotationen erschlossen.

---

[1] *URL: http://www.sub.uni-goettingen.de*

[2] *URL: http://www.MathGuide.de/*

[3] *URL: http://www.Geo-Guide.de/*

[4] *URL: http://www.sub.uni-goettingen.de/vlib/*

Die Recherche im Fachinformationssystem ermöglicht damit, sich einen Überblick über die wichtigsten Informationsquellen zu seinem Fach oder zu spezifischeren Fragestellungen zu verschaffen, ohne daß man zunächst den Informationsraum des Systems verlassen muß, da im Fachinformationssystem jede Informationsressource eigens über *Metadaten* mit ausführlichen Informationen beschrieben ist. Erst wenn der Nutzer die für ihn interessanten Informationsquellen nutzen will, verläßt es den Informationsraum des SSG-FI-Systems und kann diese direkt über die im SSG-FI angegebene Adresse aufrufen.

Metadatenkonzept[5]

Der allgemeine Umbruch der Informationsinfrastruktur läßt sich nicht nur an neuen Produktions- und Distributionsverfahren von Wissen ablesen, sondern auch an veränderten Verfahren zur Beschreibung von Informationsressourcen in elektronischen Netzen, die unter dem Begriff 'Metadaten' gebündelt werden und von denen das Dublin-Core-Schema[6] sicherlich am meisten diskutiert wird.

Unter Metadaten ('Daten über Daten') versteht man strukturierte Daten, mit deren Hilfe eine Informationsressource beschrieben und dadurch besser auffindbar gemacht wird. Metadaten als solche sind keine Erfindung des Internetzeitalters. Hinter diesem Begriff steht deshalb auch die Suche nach neuen Ansätzen in der Ressourcenbeschreibung und nach den entsprechenden Verfahren der Informationsvermittlung, die auf einen effizienten und kostengünstigen Einsatz in elektronischen Netzen hin optimiert sind. Insgesamt erhebt die gegenwärtige Metadatendiskussion den Anspruch, bessere Erschließungs- und Retrievalmechanismen anzubieten, als sie bisher im Internet existieren.

In Rahmen der Metadatenentwicklung hat es in den letzten Jahren eine Reihe von Initiativen gegeben, von denen das sogenannte Dublin Core Metadata Element Set nicht nur am bekanntesten ist, sondern in der internationalen Diskussion eine immer größere Rolle spielt.

Neben den Dublin-Core-Schema gibt es eine Vielzahl von weiteren Metadatenformaten; z.B. die Text Encoding Initiative (TEI) oder Government Information Locator Service (GILS), die entweder an fachspezifischen Erschließungsanforderungen (etwa Content Standards for Digital Geospatial Metadata in den Geowissenschaften

---

5 *Weitergehende Informationen zur Metadatenthematik auf dem Metadaten-Server der SUB Göttingen URL: http://www2.sub.uni-goettingen.de/*

6 *Dublin Core Metadata Element Set, Version 1.1: Reference Description URL: http://dublincore.org/documents/dces/*

oder die Metadaten bei IEEE, dem Institute of Electrical & Electronic Engineers) oder an komplexeren bibliothekarischen Regelwerken (etwa PICA+ oder die verschiedenen MARC-Formate wie MARC, UNIMARC, USMARC etc.) ausgerichtet sind. Gegenüber diesen Varianten steht hinter dem Dublin-Core-Ansatz der Versuch, ein kostengünstiges, leicht handhabbares und doch wirkungsvolles Verfahren zu entwickeln, das auch vor der großen Zahl an Dokumenten in elektronischen Netzen nicht kapitulieren muß.

Dublin Core

Das Dublin-Core-Metadatenkonzept ist in interdisziplinärem Konsens zwischen Forschern, Fachgesellschaften und Bibliotheken gewachsen und besteht aus 15 Elementen zur Ressourcenbeschreibung. Es wird darauf geachtet, daß die Anbindung an andere, zumeist komplexere Formate möglich ist (Stichwort: interoperability).

Das Dublin Core Metadata Element Set beinhaltet die folgenden Kategorien[7]:

DC 1 = Title
DC 2 = Creator
DC 3 = Subject
DC 4 = Description
DC 5 = Publisher
DC 6 = Contributor
DC 7 = Date
DC 8 = Type
DC 9 = Format
DC 10 = Identifier
DC 11 = Source
DC 12 = Language
DC 13 = Relation
DC 14 = Coverage
DC 15 = Rights

Für die Verwaltung raumbezogener Daten ist das Element 14: Coverage von besonderer Bedeutung. Hier werden Angaben zur räumlichen Bestimmung z.B. geographische Koordinaten und Ortsnamen und zeitlichen Gültigkeit eingetragen, die die Ressource charakteriseren[8].

---

[7] *ebenda*

[8] *Dublin Core Element: Coverage http://www.sdc.ucsb.edu/~mary/coverage.htm*

SSG-FI Metadatenkonzept (Template)

Das Metadatenkonzept des SSG-FI-Projektes benutzt Dublin Core als Grundlage, ist jedoch um einige Kategorien erweitert worden. Das resultierende Matadaten-Template ist für alle Fachinformationsführer (GeoGuide, MathGuide, AngloAmericanGuide) identisch.

Im Template sind interne Kategorien, Dublin Core Kategorien und SSG-Kategorien definiert. Die internen Kategorien sind für die hausinterne Datenbankverwaltung vorgesehen, die SSG-Kategorien sind als zusätzliche Metadatenelemente innerhalb des SSG-FI-Projektes definiert worden. Die DC-Kategorien leiten sich aus dem aktuellen Stand um die Diskussion von Dublin Core Metadata Element Set ab[9].

Als Metadaten, die räumlich bezogene Daten charakterisieren (Spatial Information) wurden drei Elemente festgelegt, die als SSG-FI-Kategorien definiert wurden:

- Spatial Coverage : Angabe der räumlichen Abdeckung anhand der geographischen Koordinaten (entsprechend der PICA-Konvention)
- Scale: Maßstab der Darstellung
- Projection: Art der Projektion

Kooperationen

Die intensive Beschäftigung mit dem Metadatenformat zu Beginn der Projektphase hat sich für die Weiterentwicklung der Fachinformationsführer in hohem Maße ausgezahlt. Da das Angebot automatisiert kompatibel zu anderen Informationsangeboten gemacht werden kann, konnten zahlreiche Kooperationen eingegangen werden.

An erster Stelle ist die Kooperation mit der Universitätsbibliothek "Georgius Agricola" der Technischen Universität Bergakademie Freiberg seit 1999 zu nennen, die als gleichberechtigter Partner den GeoGuide pflegt.

Darüber hinaus ist der GeoGuide an verschiedenen internationalen Projekten beteiligt (ISAAC, CORC, REYNARD, Dbclear)[10], die sich mit dem Aufbau und der

---

9 *Siehe auch: Das Sondersammelgebiets-Fachinformationsprojekt (SSG-FI) der Niedersächsischen Staats- und Universitätsbibliothek Göttingen : GeoGuide, MathGuide, Anglo-American History Guide und Anglo-American Literature Guide (www.SUB.Uni-Goettingen.de/ssgfi/); Dokumentation / [Projektl.: Wilfried Enderle] ; Teil 1: . - Berlin : Deutsches Bibliotheksinstitut, 1999. - VII, 149 S. : graph. Darst. ; 24 cm (Dbi-Materialien ; 185 : Schriften der Deutschen Forschungsgemeinschaft), Seite 49-55.*

10 *http://www.renardus.org/, http://scout.cs.wisc.edu/research/index.html, http://www.oclc.org/corc/*

Standardisierung von High Quality Subject Gateways beschäftigen. Unter dem Stichwort 'Interoperability' sollen Cross-Browse und Cross-Search ermöglicht werden, wobei Probleme der Erschließungsart, Erschließungstiefe und der unterschiedlichen Sprachen gelöst werden müssen. Die Verwendung eines international anerkannten Metadaten-Standards ermöglicht diesen Austausch.

Zukünftige Weiterentwicklungen

In der Kooperationsbeziehung zwischen der SUB Göttingen und der UB Freiberg wurde mit dem Aufbau und der Weiterentwicklung des GeoGuide ein erster Schritt zur Koordinierung einer Verteilten Virtuellen Fachbibliothek gegangen. Die bestehenden Erfahrungen bezüglich der technischen Struktur des Geo-Guides sollen in mehreren Teilbausteinen verwendet werden. Der Teilbereich 'Thematische Karten' soll um die Bereitstellung digitaler Karten (inklusive der notwendigen Unterstützungssoftware) sowie die Versorgung mit georeferenzierbaren und geocodierbaren Sachdaten erweitert werden. Außerdem wird der Zugriff auf digitalisierte historische Karten beider Bibliotheken ermöglicht werden. Die Recherchemöglichkeiten werden um eine graphische räumliche Suche erweitert. In der Verteilten Virtuellen Fachbibliothek sollen die verschiedensten Informationen aus unterschiedlichen Quellen an einer Stelle zu finden sein. Dabei müssen die Entwicklungen zur Vereinheitlichung von Metadaten- und Sacherschließungskonzepten innerhalb der 'Virtuellen Forschungsbibliothek der DFG'[11] berücksichtigt werden.

Literatur

Das Sondersammelgebiets-Fachinformationsprojekt (SSG-FI) der Niedersächsischen Staats- und Universitätsbibliothek Göttingen : GeoGuide, MathGuide, Anglo-American History Guide und Anglo-American Literature Guide (www.SUB.Uni-Goettingen.de/ssgfi/); Dokumentation / [Projektl.: Wilfried Enderle]. - Berlin : 1999. (Dbi-Materialien 185 : Schriften der Deutschen Forschungsgemeinschaft)

---

[11] http://www.virtuellefachbibliothek.de

Wissen für Kartenkuratoren - aus dem Internet

Jürg Bühler

Der Erwerb von Wissen in Bereichen ausserhalb unseres Arbeitsgebietes wird insbesondere mit dem Aufkommen der digitalen Karten immer wichtiger und aufwendiger. Kartengeschichte, Kartographie, GIS, Internet - überall sollte Fachwissen vorhanden sein. Doch wie können Kartenkuratoren dieses Wissen schnell erwerben? Dies Frage stellte sich auch die "Groupe des Cartothècaires de LIBER" (GdC), die Fachvereinigung der Kartenkuratoren Europas. Zu häufigen Meetings und Workshops fehlte der kleinen Berufsgruppe Zeit und Geld. Eine andere Alternative musste gesucht werden. Sie ergab sich durch die Nutzung des Internets: Es wurde eine WWW-Plattform aufgebaut, welche es erlaubt, sich in den gewünschten Bereichen zu informieren und mit Literaturlisten, Lernprogrammen und Direktkontakten zu Fachkolleginnen und -kollegen sein Wissen zu erweitern.

Die Internet-Plattform "Education", welche der Autor als Chairman der Working Group for Education realisiert hat, besteht aus mehreren Bereichen. Es sind dies:

- "Homepage" der Education Group:
  http://www.maps.ethz.ch/gdc-education.html

- "Literature list":
  http://www.maps.ethz.ch/gdc-education2.html

- "Who is Who in Map Librarianship":
  http://www.maps.ethz.ch/gdc-education6.html

- "GdC Campus: Tutorials and Courses":
  http://www.maps.ethz.ch/gdc-education4.html

"Who is Who" enthält die Kontaktadressen der Fachkolleginnen und -kollegen mit einer thematisch geordneten Liste ihrer Fachkenntnisse, der "GdC Campus" bietet freie Lernprogrammen, Dictionnaires, Tutorials und Kurse online im Internet an.

Die Webseiten sind zu finden
- über die direkte WWW-Adresse *http://www.maps.ethz.ch/gdc-education.html*
- über die Homepage der "Groupe des Cartothécaires de LIBER"
  http://www.kb.nl/infolev/liber/intro.htm + "Working Group for Education"

1. Die Homepage "Working Group for Education"

http://www.maps.ethz.ch/gdc-education.html

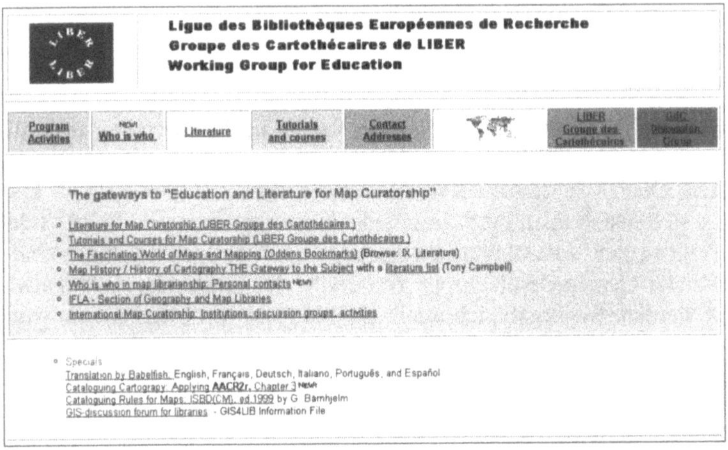

Die Homepage enthält das Programm, die laufenden Aktivitäten und die Kontaktadressen der Mitglieder der Arbeitsgruppe und des GdC-Vorstandes, sowie eine Liste von WWW-Links zu wichtigen Adressen des Kartenbibliothekswesens.

Mit den Buttons am Kopf der Seite gelangt man zu den drei Spezialbereichen (Literaturliste, Who is Who, Tutorials and Courses), sowie zur Homepage und zur "Discussion List" der "LIBER Groupe des Cartothécaires". Ergänzend ist eine Liste der wichtigsten Internet-Adressen auf dem Gebiet des Kartenbibliothekswesens zu finden.

2. Literaturlisten für das Kartenbibliothekswesen

http://www.maps.ethz.ch/gdc-education2.html

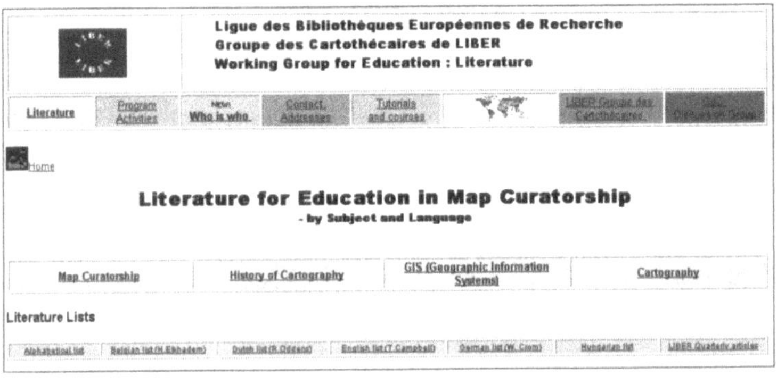

Die Webseiten der multilingualen Literaturliste decken die Themen "History of Cartography", "GIS and Cartography" und "Map Librarianship" ab.
Sie werden ergänzt durch eine alphabetische Liste und eine Liste der in LIBER Quarterly veröffentlichten elektronisch abfragbaren Beiträge.

Durch die Arbeit der Kollegen entstanden im weitern die folgenden nationalen Literaturzusammenstellungen:

- Belgische Liste (Elkhadem)
- Chinesische Liste (Campbell)
- Deutsche Liste (Crom)
- Englische Liste (Campbell)
- Holländische Liste Oddens)
- Kroatische Liste (Drder)
- Slovenische Liste (Solar)
- Ungarische Liste (Campbell)

In dem gewählten Themenbereich kann die Literatur über die Wahl eines Themas gefunden werden, entweder als Literaturhinweis oder als Link zu einem Online-Artikel (Beispiel: Bereich=Map Librarianship, Thema=map libraries on progress, Artikel=Antonelli)

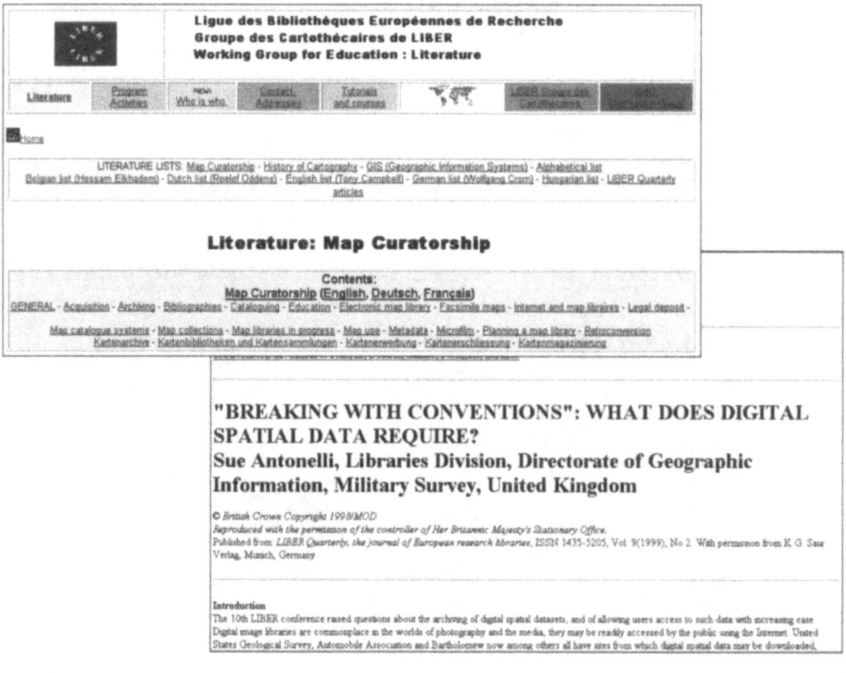

3. Who is Who in Map Librarianship

Die drei deutschen Kollegen Markus Heinz, Wolfgang Crom und Theo Bauer initiierten ein "Who's Who" der professionellen Kartenbibliothekarinnen und Kartenbibliothekare Europas. Zweck dieses Projekts war es, Informationen über die speziellen Fachkenntnisse dieser Personen in Form eines Führers detailliert aufzulisten, um so Kolleginnen und Kollegen über diese Adressen die Möglichkeit zu geben, in persönlichem Kontakt Lösungen für Problemstellungen in ihrem Arbeitsbereich zu erhalten. Dieser Führer sollte sowohl in gedruckter wie auch in elektronischer Form zur Verfügung stehen.

Die Erhebungen für dieses "Who is Who" wurden mit Hilfe eines Fragebogens durchgeführt. Aus den Resultaten dieser Erhebungen konnte das "Who is Who in Map Librarianship" erstellt werden.

Die erste Liste *http://www.maps.ethz.ch/gdc-education6.html* zeigt die Namen, Adressen und Fachkenntnisse nach Nationen geordnet.
Die zweite Liste erlaubt eine Wahl nach Fachthemen (subject list) *http://www.maps.ethz.ch/gdc-education7.html.*

4. GdC-Campus: Tutorials, Kurse, Lernprogramme - gratis aus dem Internet

Wissen aus Bereichen ausserhalb unseres Fachgebietes wird immer wichtiger. Da es bei einer kleinen, verstreuten Spezialistengruppe, wie die der Kartenkuratoren, nicht möglich ist, sich ständig zu Fachdiskussionen und Workshops zu treffen, reifte der Gedanke, das Internet für die Ausbildung und Weiterbildung zu nutzen. In verschiedenen relevanten WWW-Adressen wurden interessante Links zu Kursen und Lernprogrammen, zu Dictionnaires, Lexikas und Tutorials zusammengetragen.

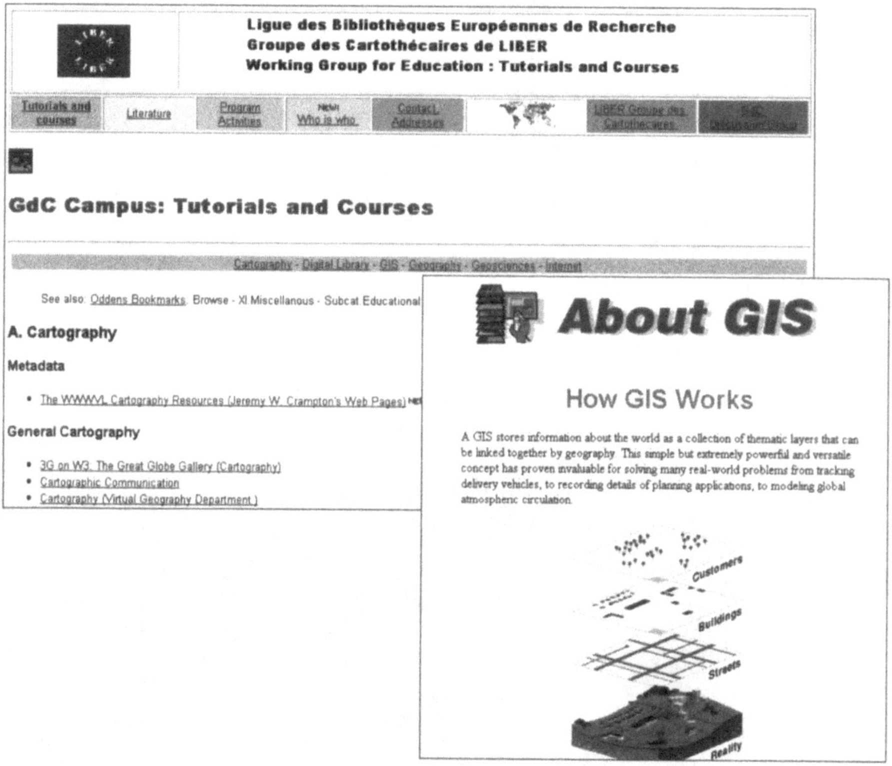

Heute finden sich in der Webseite *http://www.maps.ethz.ch/gdc-education4.html* bereits über 100 frei verfügbare Glossaries und Lernprogramme über Kartographie, GIS, Geographie, Geowissenschaften, Digital Library und Internet - und leicht lässt sich herausfinden, was eine UTM-Projektion ist, oder wie ein Geoinformationssystem läuft.

Das Angebot dieser Lernprogramme soll weiter ausgebaut, aber auch durch eine vermehrte Selektion qualitativ verbessert werden. Im Dialog mit den Nutzern können die Qualitätskontrollen verbessert und weitere interessante Adressen in die Webseiten eingebaut werden (Webmaster: juerg.buehler@library.ethz.ch).

G. Blick in die Zukunft

Die virtuelle Kartensammlung (Hardware, Software, Copyright)[1]

Mechthild Schüler

Ausgangslage

Die sich seit Ende der 80iger Jahre innerhalb der Kartographie vollziehende Umstrukturierung, verbunden mit dem Einsatz neuer Technologien wie CAD, Desktop Mapping, GIS und Multimedia, hat in der Herstellung und Produktion von Karten und kartenähnlichen Produkten eine Neuorientierung bewirkt. Heute beherrscht ein breites heterogenes Spektrum an digitalen Karten bzw. kartenähnlichen Produkten den Markt.

Die einzelnen Produkte unterscheiden sich wesentlich in ihren technischen, rechtlichen und archivarischen Anforderungen. Die digitalen Karten und Raumdaten zeichnen sich in Abhängigkeit von den zu ihrer Erstellung verwendeten Basistechnologien durch spezifische Datenformate und -strukturen aus, welche wiederum über Funktionalität und Nutzungsmöglichkeiten entscheiden. Die einfachste Variante stellen statische Einzelkarten mit reiner Visualisierungs- und Präsentationsfunktion dar, die anspruchsvollste Variante komplexe GIS-Projekte, in denen der Nutzer interaktiv die Entscheidung über Inhalt und Darstellung der räumlichen Sachverhalte trifft und zudem durch die Möglichkeit komplexer logisch-inhaltlicher Analysen und Modellierungen individuell neue Informationen generieren kann.
Die aktuellen Entwicklungen der Informationsinfrastruktur (Telekommunikation, Internet/Intranet) bieten neue und erweiterte Anwendungs- und Nutzungsmöglichkeiten für Geoinformationen. Verbunden mit den neuen Einsatzmöglichkeiten sind wachsende Ansprüche aus Politik, Wirtschaft, Verwaltung und auch dem privaten Nutzerkreis an die Verfügbarkeit qualitätsgesicherter digitaler Geoinformationen und an die damit verbundenen infrastrukturellen Dienstleistungsangebote.

Systeme zur automatisierten Kartenherstellung

---

[1] *Mit Unterstützung der Deutschen Forschungsgemeinschaft (DFG) wurde an der Niedersächsischen Staats- und Universitätsbibliothek Göttingen eine Projektstudie zu dem Thema 'Möglichkeiten der Beschaffung und Bereitstellung digitaler Karten im Sondersammelgebiet' erarbeitet. Der vorliegende Aufsatz bezieht sich in Auszügen auf den Projektbericht von Frau Christiane Beckert.*

Grundsätzlich müssen die konzeptionellen Unterschiede der verschiedenen Systeme zur Erstellung digitaler kartographischer Produkte unterschieden werden. Um die wichtigsten Unterschiede zu erläutern, werden die Systemarchitekturen CAD, Desktop Mapping und GIS kurz vorgestellt.

CAD-Systeme stellen objektorientierte Zeichenprogramme dar, wobei sich die Objekte aus graphischen Elementen im Sinne geometrischer Gebilde wie Punkt, Linien und Flächen zusammensetzen. Graphische CAD-Elemente kennen keine Sachinformation, da keine direkte Verbindung der graphischen Strukturen mit der Sachdatenbank vorliegt. Weitergehende Nachbarschaftsbeziehungen bestehen ebenfalls nicht und somit kann kein Bezug auf ein Landeskoordinatensystem hergestellt werden. Die Einschränkungen bzw. Grenzen von CAD-Systemen liegen in der aufwendigen Fortführung der Dokumente, der fehlenden Verknüpfungsmöglichkeit von graphischen Elementen mit Sachinformationen, der fehlenden Datenbankanbindung und der fehlenden Möglichkeit, unterschiedliche Darstellung der gleichen Information zu erzeugen.

Reine CAD-Programme, wie zum Beispiel Autocad, Microstation oder auch Software wie Corel Draw, Freehand oder Adobe Illustrator sind in der Lage graphisch anspruchsvolle Karten zu erzeugen. Es ist zu beobachten, daß CAD-Systeme zunehmend um einzelne GIS-Funktionalitäten erweitert werden.

Desktop Mapping Programme stellen eigenständige Kartographieprogramme dar, die einfache Sachdatenstrukturen mit einer graphischen Auswertung integrieren können. Der Datenbankanteil eines Desktop Mapping Programmes bietet lediglich eine geringe Leistungsfähigkeit, da die Daten in der Regel nur als einfache Tabellenverwaltung organisiert sind und relationale Konzepte fehlen. Die Abgrenzungen zu CAD-Systemarchitekturen aber auch zu GIS-Systemen sind fließend. So sprechen Coral Draw und Freehand als reine Zeichenprogramme von Desktop Mapping und ESRI bezeichnet sein Arc View als "Desktop GIS".

Geographische Informationssysteme (GIS) grenzen sich von den oben genannten Programmen dadurch ab, daß sie über die Möglichkeit verfügen, Sach- und Geometriedaten gemeinsam in ihren komplexen, logisch-inhaltlichen und räumlichen Zusammenhängen zu erfassen, zu verwalten und über räumliche Analysefunktionen neue Informationen zu generieren. Reale Objekte werden in einem GIS in thematischen Karten (Layer) verwaltet. Diese Layer können nach Bedarf (Fragestellung) miteinander kombiniert werden, z.B. um Zusammenhänge zu extrahieren oder neue Daten zu generieren. Die Daten eines GIS werden im allgemeinen in einer Datenbank verwaltet, wobei Geometrie- und Sachdaten sowohl getrennt von einander als auch gemeinsam in einer Datenbank vorgehalten werden können. In der Datenbank werden die Informationen über die Sachdaten (Objekte und ihre Beziehungen zueinander) in Form von Tabellen gespeichert, während die Geometrie als Vektor- oder Rasterdaten gespeichert wird. Dieser Datentyp führt zu der Bezeichnung Vektor- oder Raster-GIS. Sind GIS in der Lage, beide Datentypen zu verwalten, wird von einem hybriden System gesprochen.

Technische Standards

Angefangen von vergleichsweise geringen Anforderungen der einfachen Zeichenprogramme über zunehmende Ansprüche der komplexeren CAD-Systeme bis hin zu den sehr hohen Anforderungen der GIS-Systeme findet sich im Bereich der Systemanforderungen an die Hardware ein breites Spektrum. GIS werden heute für alle üblichen Rechner-Plattformen und für unterschiedliche Betriebssysteme angeboten. Für GIS werden sowohl Großrechner als auch Workstations und PCs eingesetzt, wobei die Großrechner zunehmend abgelöst werden durch Verteilung der Rechner-Ressourcen auf kleinere, schnellere Workstations oder PCs.

Bei GIS-Systemen kommt der verwendeten Netzwerksoftware eine wesentliche Bedeutung zu. Zu den wichtigsten Netzwerkdiensten zählen 'Remote-Login', 'Network File-Service' und die Dienste, die den Zugriff auf die Eingabe und Ausgabegeräte erlauben.

Das Internet hat in den letzten Jahren zu völlig neuen Einsatzbereichen von GIS geführt. Netzbasierte Informationsverarbeitung, die nach den Client-Server-Prinzip arbeitet, bestehen aus den drei Komponenten Client, Server und Netzwerk. Jede dieser Komponenten besteht aus einer spezifischen Hard- und Software. Die Client-Server-Verarbeitung räumlicher Daten unterliegt zwei Rahmenbedingungen: der Hardwareausstattung des Clients und der Betriebsleistung der Datennetze.

Datenaustausch und Schnittstellenproblematik

Aufgrund der Vielzahl der auf dem Markt vertretenen GIS/CAD-Systeme ergibt sich für die Anwender bei der Übertragung der Daten die Problematik, daß sich die unterschiedlichen Systemlösungen wesentlich in den Bereichen ihrer Geometrie- und Sachdatenstruktur voneinander unterscheiden. Allein in Deutschland werden heute über 200 Systeme angeboten, die als GIS bezeichnet werden können oder sich zumindest selbst so bezeichnen. Folglich gibt es auch über 200 verschiedene Ansätze Geometrie und Sachdaten in Filesystemen und Datenbanken abzulegen. Es wird damit nahezu unmöglich, Dateien eines anderen Systems verlustfrei in das eigene zu übernehmen.

Für die Vorgänge der Datenkonvertierungen sind entsprechende Schnittstellen notwendig. Um einen Datenaustausch zwischen unterschiedlichen GIS-Systemen realisieren zu können, müßte daher jedes GIS eine Import/Export-Schnittstelle zu jedem weiteren GIS besitzen. Da dies aktuell nicht der Fall ist, wurden zur Lösung dieser Problematik von einigen Herstellern Programme entwickelt, die den Datenaustausch über ein neutrales Format durchführen. Trotz dieser neutralen Formate konnten noch nicht alle Probleme des Datenaustausches zufriedenstellend gelöst werden. Die Schnittstellenproblematik ist ein Thema, mit dem sich seit einigen Jahren das OGC (Open GIS Consortium, Inc.) mit OGIS (Open Geodata Interoperability Specification) auseinandersetzt. Die Bestrebungen des OGC gehen in die Richtung, mit dem OGIS-Standard eine Interoperabilität zwischen verschiedenen GIS zu ermöglichen. Ein weiterer Lösungsansatz wird in der Standardisierung der Geo-Daten (z.B. nach ISO, CEN, FGDC etc.) gesehen.

Umgang mit Copyright-Regelungen

Die Situation des Urheberrechts bei elektronischen Medien unterscheidet sich wesentlich von denen analoger Materialien. So berechtigt der Erwerb von elektronischen Medien in der Regel lediglich zum bloßen Zugang zu eben diesem Medium für eine bestimmte Dauer und zu einem bestimmten Zweck. Der Zugang und das Nutzungsrecht an einem digitalen Produkt wird über Lizenzverträge erteilt.

Nach der im Jahre 1998 ergänzten Fassung des Urheberrechtsgesetzes gehören neben den analogen Karten auch digitale kartographische Produkte (digitale Kartengraphiken) und Geodatenbanken (bzw. -datensätze) zu Werken, die durch das Urheberrecht geschützt werden.

Im Hinblick auf die speziellen Eigenschaften digitaler kartographischer Produkte und den mit ihrer Nutzung und Auswertung/Bearbeitung eng verknüpften Technologien (GIS, CAD, Desktop Mapping) ist dem Paragraphen 23 zur Bearbeitung und Umgestaltung große Bedeutung beizumessen. Es bestehen für den Nutzer vielfältige Möglichkeiten der individuellen Weiterverarbeitung und Bearbeitung digitaler Kartengraphiken und Geodaten.

Neben der sehr einfachen Möglichkeit der Ergänzung einer vorliegenden Rasterkarte (GIF, TIF, JPEG etc.) mit neuen eigenen Informationen mittels einfacher Graphiksoftware stellt sich für digitale Karten mit GIS-Funktionalität ein weitaus größeres Problem. Der Nutzer greift auf den eigentlichen Originaldatenbestand des Herstellers (Urhebers) zu, um sich unter Verwendung von geeigneter GIS-Software neue Informationen aus dem bestehenden Datenbestand zu generieren oder die vom Urheber gelieferten Daten mit Fremddaten zu kombinieren. Mit dem Zugriff auf Geodaten (aus Internet oder von einer CD-ROM) bietet sich die Möglichkeit, unter Anwendung geeigneter Software komplett neue Datensätze mit eigenen thematischen Inhalten zu generieren (durch Verschneidungen, Abfrage etc.). Alle diese Vorgänge stellen einen Eingriff in die Urheberrechte dar. Um dem Nutzer eine volle Ausschöpfung der Funktionalitäten und Nutzungsvarianten dieser Materialien bieten zu können, sind zwischen der Kartensammlung und den Anbietern genaue Lizenzverträge auszuhandeln. Nur auf diese Weise läßt sich vermeiden, daß z.B. durch die Kartensammlung eine digitale Kartengraphik mit GIS-Funktionalität erworben wird, der Lizenzvertrag jedoch die Ausnutzung dieser vielfältigen Möglichkeiten eines GIS durch den Nutzer zu weiten Teilen verbietet.

Im Hinblick auf eine Bereitstellung digitaler Kartengraphiken auf einem netzbasierten Kartenserver ist darauf hinzuweisen, daß das Speichern auf einem Internet-Server nicht von § 53 UrhG (Vervielfältigungen zum privaten und sonstigen eigenen Gebrauch) gedeckt ist. Folglich muß auch für diesen Vorgang eine Klausel im Lizenzvertrag der jeweiligen Produkte formuliert werden.

Im Bereich Urheberrechte ist eine baldige Rechtssicherheit wegen der Rasanz technischer Entwicklungen nicht zu erwarten. Man bewegt sich bei vielen Fragestellungen weiterhin in einer rechtlichen Grauzone.

Umgang mit den neuen Medien in Kartensammlungen

Wesentliches Kriterium für den Erwerb einer digitalen Kartengraphik in einer Kartensammlung muß die Qualität des Produktes bleiben. Zur Beurteilung können die Kriterien Qualität der Darstellung, Funktionalität der digitalen Kartengraphik (z.B. GIS-Funktionalität), Qualität der Geobasisdaten (Qualität der Metadaten, Datenaktualität, Datengenauigkeit) sowie Möglichkeiten der Datenfortschreibung herangezogen werden. Nicht zuletzt die Benutzerfreundlichkeit spielt eine große Rolle. Ein inhaltlich und technisch hochwertiges Produkt kann in einer Kartensammlung nicht genutzt werden, wenn die umfangreichen Vorkenntnisse im Umgang mit der Unterstützungssoftware weder bei den Nutzern noch den Mitarbeitern vorhanden sind.

Auf die Anschaffungs- und Folgekosten eines digitalen Produktes ist ganz besonders hinzuweisen. Mit dem Kauf eines digitalen kartographischen Produktes fallen in der Regel neben der eigentlichen Erwerbung auch Anschaffungskosten für die entsprechende Unterstützungssoftware und ggf. auch Hardware an.

Kartensammlungen werden mit veränderten und neuen technischen Anforderungen konfrontiert. Es besteht die Notwendigkeit, dem Nutzer eine entsprechende Geräteausstattung (Computer-Arbeitsplätze, Unterstützungssoftware, leistungsfähige

Hardware) zur Verfügung zu stellen, um ihm eine effiziente Nutzung (Bearbeitung) der digitalen kartographischen Produkte zu ermöglichen. Mit diesem zusätzlichen Aufwand an Geräten und Arbeitsmitteln entsteht gleichzeitig Bedarf an Personal, welches über entsprechendes Fachwissen, EDV-Kompetenz und eine Fülle von Schlüsselqualifikationen (z.B. Teamfähigkeit, Flexibilität, Marktkenntnisse) verfügt.

Neben den Aufgaben der Wartung, Pflege und Überwachung der EDV-Bereiche gilt es, dem Nutzer Hilfestellungen bei einzelnen Fragen, die Orientierung beim Lösen eines Problems zu bieten. Dies erfordert die ausreichende Verfügbarkeit sehr gut qualifizierter Mitarbeiter. Im Hinblick auf diese Entwicklungen sind die Bibliotheken gezwungen, ihren Mitarbeitern geeignete Schulungen und Fortbildungsseminare anzubieten bzw. zu vermitteln, um sie auf ihre zukünftigen Leistungsanforderungen vorzubereiten.

Wenn der Erwerb eines digitalen kartographischen Produktes oder eines Geodatensatzes nach Abwägung aller aufgeführten Kriterien nicht sinnvoll erscheint oder aber prinzipiell nicht möglich ist, wie es z.B. bei Geoinformationssystemen von Organisation häufig der Fall ist, die Informationsressource jedoch als fachlich und thematisch relevant erscheint, muß eine für Kartensammlungen neue Strategie eingesetzt werden: der Nachweis bzw. Verweis auf dieses Produkt und den Anbieter. Das Verfahren des bloßen Nachweises eines Produktes bzw. einer Informationsquelle für den Nutzer wird zukünftig speziell für kleinere Bibliotheken bzw. Kartensammlungen, deren Etat den selbständigen Erwerb digitaler Produkte nicht erlaubt, an Bedeutung gewinnen. Mit dieser Strategie wird sich die Kartensammlung zukünftig verstärkt in der Rolle eines Informationsdienstleisters verstehen.

Literatur

ASCHE, Hartmut (1999): Netzbasierte geographische Informationsverarbeitung. Dokumentation des Symposiums WEB.MAPPING.99, Karlsruhe, 18. November 1999.

BRANDI-DOHM, Florian (1999): GIS im WWW - Beispiele und Nutzen. (Angewandte geographische Informationsverarbeitung XI. Beiträge zum AGIT-Symposium. Salzburg 1999, S. 74-79)

BUHMANN, Erich und WJESEL, Joachim (1999): GIS-Report '99. Software Daten Firmen. Karlsruhe 1999. URL: http://www:gis-report.de

EGGERT, Rita (1999): Urheberrechtsschutz bei Landkarten. Baden-Baden 1999. (Nomos Universitätsschriften Recht, 328)

SCHILCHER, Matthäus (1997): Kartographie und Geoinformationssysteme auf dem Weg in die Informationsgesellschaft. (Kartographische Nachrichten, 47. Jg., H. 4, S. 127 - 137)

STAHL, Roland (1998): Datenaustausch - das Schnittstellenproblem. (Das GIS-Tutorial. Version 3.0)
URL: http://www.gis-tutor.de/start.htm

STAHL, Roland (1998): Datenqualität. (Das GIS-Tutorial. Version 3.0)
URL: http://www.gis-tutor.de/start.htm

STORCH, Harry (1999): "Web GIS" oder "WWW-Mapping"? Die Grenzen von WWW-Strategien für den öffentlichen Zugang zu raumbezogenen Umweltinformationen. (Angewandte geographische Informationsverarbeitung XI. Beiträge zum AGIT-Symposium. Salzburg 1999, S. 510-521)

Kartenkataloge mit Bildinformation

Agnes Kovacs

Einleitung

Die Nutzung neuer elektronischer Techniken (WWW-Oberfläche, Digitalisieren, farbige Bildinformation) bietet Möglichkeiten, völlig anders geartete Kataloge aufzubauen, mit besserem Informationsgehalt und weniger bibliothekarischer Erschliessungsarbeit. Bildinformation wäre gerade im Bereich der Karten wertvoll: Mit Worten sind Karten in einem Katalog nicht optimal zu beschreiben. Besser wäre es für die Kunden, die Karte als Bild zu sehen, mit den notwendigen textlichen Ergänzungen. Dank der bildlichen Darstellung könnten die Kunden oft auch vorentscheiden, ob sie die Karten wirklich brauchen können, oder welches der angebotenen Dokumente das beste ist.

1998 versucht Agnes Kovacs in ihrer Diplomarbeit diese Möglichkeiten auszuloten (*http://www.maps.ethz.ch/kovacs.html*). Anhand von Kartendokumenten wird folgenden Fragestellungen nachgegangen:

- Welche Möglichkeiten bieten die neuen elektronischen Techniken zum Aufbau neuartiger Kataloge mit einem besseren Informationsgehalt?
- Wie weit kann damit der Aufwand der Katalogisierung reduziert werden?
- Wie weit kann eingescannte Bildinformation den Entscheidungsprozess bei der Kundenrecherche verbessern?
- Welche bildliche Darstellung und welche zusätzlichen textlichen Erfassungen und Zugriffspunkte sind nötig, um die Bedürfnisse der Benutzer bezüglich Auffindbarkeit, Angebot und Auswahl der Dokumente zu befriedigen?

Realisierungsweg

- Aus dem Bibliotheks-OPAC wurden 40 Titelaufnahmen von Karten ausgewählt.
- Von diesen Dokumenten wurden informative Kartenausschnitte (1-2 pro Karte) eingescannt.
- Die textliche Ergänzung geschah durch eine Kurzaufnahme. Dabei stellte sich die Frage: Welche Informationen sind neben der Bildinformation noch notwendig?

- Auf WWW-Basis wurde ein Landkartenkatalog mit 40 Katalogisaten (Bild und Kurzaufnahme) erstellt.
- Die Katalogisate dieses "Bildkataloges" wurden mit den Vollaufnahmen verglichen.

a) Das Digitalisieren

Die Karten wurden mit einem A3 und A4 Scanner digitalisiert. Der A3 Scanner eignete sich für große Karten, damit größere Ausschnitte aufs Bild kamen und für Karten von der Grösse A3. Der kleinere Scanner war gut einsetzbar für Karten mit der Grösse A4 und für kleinere Ausschnitte. Da Karten große Ausmasse haben, wurde vor allem mit dem A3 Scanner gearbeitet.
Die Bilder, die mit der Software Adobe Photoshop erstellt wurden, waren Pixelbilder. Als Pixel werden kleine quadratische Punkte bezeichnet, die als Gitter oder Raster für die Darstellung eines Bildes verwendet werden. Pixelbilder können feine Farbabstufungen wiedergeben und sind die am häufigsten verwendete Bildart für Halbtonbilder, wie z. B. Fotos. Die Original-Bilddaten wurden im unkomprimierten TIFF-Format gespeichert. Im Photoshop mussten die Bilder vom TIFF-Format auf ein JPEG-Format umgewandelt und verkleinert werden. Das Joint Photographic Experts Group (JPEG) Format ist das gebräuchlichste Format für die Darstellung von Fotos und anderen Halbtonbildern in HTML-Dateien im World Wide Web und anderen Online-Diensten.

b) Das Gestalten von WWW-Seiten mit HTML

HTML (Hypertext Markup Language) ist eine "Sprache" um Dokumente zu schreiben. Im Text sind Formatierungs-Anweisungen, die einem "Browser"-Programm (z. B. Netscape, Explorer) sagen, was dargestellt werden soll. Dieses "Browser"-Programm entscheidet dann, wie diese Art Information auf dem vorhandenen Ausgabegerät dargestellt wird.
Die WWW-Seite wird mit der Sprache "HTML" geschrieben. Mit Codes in < > wird der Charakter der jeweiligen Information definiert (Titel, Text, Bild, Abschnitt usw.). Um das aufwendige Schreiben dieser Befehle (Anfangs- und Endzeichen) zu umgehen, verwendet man heute eine Software (z.B. HotMetal), auf der die Codes mit Mausklick eingefügt und die Informationen zwischen Anfangs- und Endcode geschrieben werden können. WWW-Dokumente enthalten auch "Links" (Verweise) zu anderen Dokumenten. So entsteht das "Web". Ist die Seite fertig gestaltet, muss sie mit einer andern Software (z.B. FTP) ins WWW geladen werden.

c) Die Darstellung des Landkartenkatalogs

Die Seiten im Katalog wurden so gestaltet, dass primär das eingescannte Bild informiert und die Kurzerfassung die wichtigsten bibliographischen Informationen vermittelt. Pro Seite wurden 8 Karten untereinander gestellt. Die Bilder in der Titelaufnahme sind verkleinert und dadurch sind die Informationen schwer lesbar. Darum werden die Bildaufnahmen in einer vergrösserten Version angeboten. Die Katalogbilder können angeklickt werden, und das Großbild erscheint.
Ein Inhaltsverzeichnis informiert über die im Katalog vorkommenden Karten. Das Verzeichnis ist systematisch nach Titeln geordnet. Die einzelnen Titelaufnahmen sind anklickbar und führen direkt zur jeweiligen Aufnahme im Katalog. Umgekehrt verweisen Links von den einzelnen Seiten auf das Inhaltsverzeichnis. Ein weiterer Zugriff auf den Katalog ist durch ein Sachregister möglich. Zu jeder Karte gibt es einen Sach- und Regionalbegriff, die jeweils alphabetisch aufgelistet sind. Diese Schlagwörter führen ebenfalls durch Links auf die entsprechende Karte.

Aufgrund von Analysen ergab sich eine Standardform der zum Kartenbild beigefügten Kurzaufnahme:
Zone 1: Hauptsachtitel
Zone 3: Maßstabsgrösse
Zone 4: vollständiges Impressum
Zone 5: Kartenumfang, spezifische Materialbezeichnung, Format u. Begleitmaterial

Diese Kurzaufnahme, können in gewissen Fällen durch weitere Informationen ergänzt werden, z. B. Autorennamen, Ausgabevermerke, Regionalnamen oder Themenangaben.

Beispiel:
Magnetic anomaly map of Australia. – 1:25 000 000. – [Canberra] : AGSO, 1993. -
1 Karte ; 20 x 26 cm
Bestell-Nr.: K 564 051

Schlussfolgerungen

a) Digitalisieren

Eine primäre Schwierigkeit beim Scannen von Karten ist die Größe der Dokumente. Karten, die die Grösse 80 x 80 cm überschreiten, sind in einem A3 Scanner schwer zu handhaben. Die Informationen auf der Karte sind großflächig verteilt, und es müssen mehrere Ausschnitte gewählt werden, um eine gute Bildinformation zu geben. Vor dem Scannen muss überlegt werden, welche Informationen an die Benutzer durch das Bild weitergegeben werden sollen. Entscheidet man sich immer für die gleichen Elemente, geht die Auswahl der Informationen rasch. Wenn aber jede Karte nach ihrem Informationsgehalt überprüft und dann entschieden wird, welche Angaben durch das Bild, welche durch die Kurzerfassung vermittelt werden sollen, ist das Erfassen sehr zeitintensiv.

Damit das Arbeiten mit dem Scanner schnell und effizient abläuft, muss der Scanner lokal mit dem PC verbunden sein. Somit können die beiden Arbeitsgänge Digitalisieren und Katalogisieren (Darstellung der Bild- und Textinformation) in einem Durchgang erledigt werden. Die katalogisierende Person sollte sich mit dem Scanner und der Software Photoshop gut auskennen.

b) Titelaufnahmen im Katalog

Die Bildinformation kann Elemente aus der bibliographischen Beschreibung ersetzen. Voraussetzung dafür ist eine leserliche Schrift. Da die Bilder für den Katalog komprimiert sind und dadurch an Qualität einbüssen, werden sie auch vergrössert angeboten.
Die Kurzaufnahme gibt die wichtigsten bibliographischen Informationen für Karten wieder. Der Vergleich zwischen der konventionellen Katalogisierung und der Kurzerfassung zeigt, dass gewisse Elemente als Suchargumente sekundär oder zu a-wendig sind und von den Benutzern selten benötigt werden, z. B. Zusätze zum Sachtitel, Körperschaften usw. Die Katalogisierungsstelle kann je aber nach Bedarf intern weitere Elemente erfassen, z. B. die Urheber des Dokuments, die Körperschaften oder die Koordinaten der Kartenabbildung.
Das Bild als Information ist für Karten besonders geeignet, weil es eine Vorstellung vom Dokument vermittelt. Der Benutzer sieht gleich, um welche Art von Karte es sich handelt und was sich darauf befindet. Er kann sich besser entscheiden, ob sie seinen Wünschen entspricht oder nicht. Die herkömmlichen Kataloge beschreiben Karten mit Worten und decken nur einen Teil der vorhandenen Informationen ab.

c) Katalogisieren

Damit die Herstellung von Katalogen mit Bildinformation rationell ist, braucht es viel Erfahrung und gute Arbeitsplatzbedingungen. Die katalogisierende Person soll die Möglichkeit haben, die Karte zu nehmen, den gewünschten Abschnitt des Dokuments in den Scanner einlegen und ohne viel Aufwand ein gutes Bild erstellen und beschreiben zu können. Die technischen Voraussetzungen sind noch nicht gegeben, dass ein komprimiertes Bild scharf genug ist, um es lesen zu können. Die Bilder müssen vergrössert werden und durch Verweise verknüpft werden.
Da das Bild an sich viele Informationen aufzeigt, kann die textliche Kurzerfassung

schnell erledigt werden, wenn sie von der Katalogisierungsstelle standardisiert ist. Hier kann Arbeit eingespart werden. Diese Einsparung ist aber zu gering gegenüber dem Aufwand der Bildherstellung.

d) Ausblick

Bildinformation in Bibliothekskatalogen ist eine interessante Weiterentwicklung der konventionellen Kataloge. Sie kommt den Bedürfnissen der heutigen Kundschaft entgegen, die viele Informationen visuell aufnimmt. Karten mit Bild anzubieten, ist vor allem für Benutzer mit wenig Erfahrung in diesem Medienbereich sehr hilfreich. Aber auch andere Medien könnten in dieser Art angeboten werden, z. B. Bücher. Die Titelseite, das Inhaltsverzeichnis oder die Inhaltsangabe könnten eingescannt werden. Die technischen Voraussetzungen müssen jedoch noch besser werden, damit Bildinformation in Bibliothekskatalogen ohne grossen Aufwand möglich wird. In bestimmten Medienbereichen sollte überlegt werden, ob sich der Aufwand nicht auf jeden Fall lohnt, weil es den Bedürfnissen der Kundschaft entspricht.

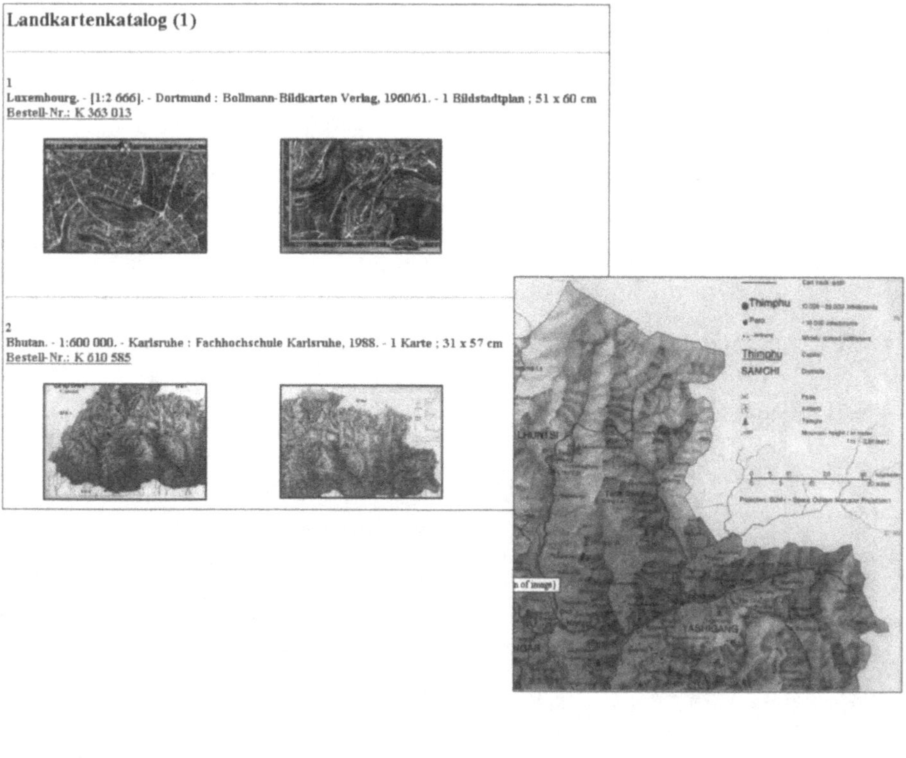

Kartenkataloge der Zukunft: Die räumliche Suche in einem graphischen Katalog

Jürg Bühler

Bibliothekskataloge im Wandel? Noch ist nicht viel davon zu spüren. Und doch würde die Nutzung der neuen elektronischen Techniken (WWW, GIS, Graphikprogramme etc.) Möglichkeiten schaffen, den Kunden Kataloge in ganz neuer Struktur anzubieten. Es könnten beispielsweise Landkartenkataloge geschaffen werden, welche in der Recherchetechnik dem Medium Karte und Raumdarstellung besser Rechnung tragen. Eine der interessantesten Möglichkeiten ist die Realisierung einer computergestützten Recherche auf der Basis von Koordinatenwerten für eine textfreie räumliche Suche in einem graphischen Kartenkatalog.

Die Katalogrecherche mit geographischen Koordinaten

Die konventionelle Suche mit geographischen Namen scheitert bei Kartenrecherchen oftmals an der Tatsache, dass ein grosses geographisches Gebiet im Kartenblatttitel mit nur einem Namen gekennzeichnet ist. So können die geologischen Gegebenheiten in der Umgebung von Ludwigshafen vielleicht auf dem Kartenblatt "Mannheim" nachgewiesen sein. Weder das direkte Suchwort "Ludwigshafen" noch der entsprechende Oberbegriff "Rheinland-Pfalz" wird zum Ziel führen.

Wie aber kann das geographische Gebiet in seiner Gesamtheit mit Tausenden von geographischen Namen besser definiert werden? Hier bieten sich die geographischen Koordinaten als Zaubermittel an: Mit 4 Koordinatenwerten ist der Kartenausschnitt in der Regel definiert.

Seit rund drei Jahrzehnten werden in der Kartenkatalogisierung die Koordinatenwerte auf Grund der internationalen Regeln mit viel Aufwand erfasst, aber bisher praktisch nicht genutzt. Mit den heutigen Möglichkeiten der Informatik aber ist der Einsatz von geographischen Koordinaten eine geradezu zwingende Option für die Recherche von Karten.

Warum wurde diese Möglichkeit nicht schon früher genutzt? Zunächst bedingt ein Koordinatenkatalog den Einsatz elektronischer Lösungen, mit welchen der Vergleich der Suchkoordinaten mit den Koordinatenwerten der Dokumente vorgenommen wird. Mit dem Aufkommen der elektronischen Bibliothekskataloge in den 70er-

Jahren war diese erste Voraussetzung im Prinzip erfüllt. 1976 wurde von der Kartensammlung der ETH-Bibliothek ein Projektentwurf zuhanden der Informatik-Abteilung ausgearbeitet, doch die Realisierung scheiterte an den anders gesetzten Prioritäten der bibliotheksinternen EDV-Abteilung. Und die Recherche nach Koordinaten hätte in dieser Zeit von den Benutzern die Eingabe von 2 eigenhändig eruierten Koordinatenwerten verlangt. So wäre der Koordinatenkatalog wohl nur zur "Recherche der letzten Chance" geworden, falls alle andern Suchmöglichkeiten versagt hätten. Heute stellt sich die Situation ganz anders dar: Dank der Weiterentwicklung der Computertechnologie ist es möglich, dass der Kunde sein gewünschtes Gebiet mit einem Mausklick markieren kann. Das mühsame Suchen und Eingeben von Koordinatenwerten ist nicht mehr notwendig. Der Computer definiert aus diesem markierten Rechteck die Koordinaten und kann sie ohne weiteres mit den Koordinatenwerten der Dokumente in der Datenbank vergleichen und die erzielten Treffer anzeigen. Aus dieser Titelliste kann in einem zweiten Schritt die Titelaufnahme aus dem Bibliothekskatalog aufgerufen oder das digitalisierte Kartenbild angezeigt werden.

Vom Textkatalog zum graphischen Kartenkatalog

Der grosse Vorteil des graphischen Koordinatenkatalogs ist darin zu sehen, dass mit dieser Recherche wirklich alle in Frage kommenden Karten nachgewiesen werden, da die Einschränkung durch die Wahl eines geographischen Namens entfällt. Die Suche kann nun so ablaufen, wie sie für das Dokument Karte am sinnvollsten ist: Weg vom textlichen Bibliothekskatalog mit Titeln und Schlagwörtern, hin zum graphischen Katalog mit der Möglichkeit, das gewünschte geographische Gebiet in einer Karte zu markieren, ohne sich durch Suchwörter einschränken zu lassen.

In diesem graphischen Katalog soll in Zukunft auch die Möglichkeit genutzt werden, die bibliographisch festgelegten Grenzen zu überwinden und auf einer Indexkarte beispielsweise alle vorhandenen geologischen Karten eines Gebietes aus verschiedenen Kartenwerken und Einzelkarten gemeinsam nachzuweisen, so dass die Nutzer nur eine einzige Recherche ohne Konsultieren zahlreicher Uebersichtsnetze vornehmen müssen.

Die Überlegungen eines graphischen Katalogs mit thematischen Informationsebenen führten uns seinerzeit zum Projekt Terravision. Hier sind die Ideen in fast idealer Form im Ansatz realisiert, in Form eines virtuellen Globus mit multimedialer Oberfläche. Raumdaten und Satellitenbilder werden in hoher Auflösung angeboten. Der Wechsel auf verschiedene geographische Ebenen ist durch stufenloses Zooming von der Weltübersicht bis auf den Meter-Raster hinunter möglich. Neben der Wahl der geographischen Region kann auch das gewünschte Thema gewählt werden (Topographie, Landnutzung, Reliefdarstellung etc.). Das Projekt wurde bis zu einer Demoversion entwickelt, dann jedoch nicht weitergeführt. Ein virtueller Globus als weltweiter Raumdaten- und Kartenkatalog bleibt für uns leider vorläufig immer noch Utopie.

Das Prinzip der räumlichen Suche nach Karten

Während die herkömmliche Recherche auf zahlreichen einzelnen Katalogeinträgen und vielen verschiedenen Indexblättern von Kartenwerken mit Blattschnitteinteilung basiert, werden bei der räumlichen Suche nach Karten die oben aufgeführten Möglichkeiten einbezogen:

- An Stelle eines Indexblattes mit Blattschnitteinteilung erfolgt eine **Suche durch Markierung der gewünschten Region**, unter Einbezug aller Dokumente eines gewünschten Themas, ohne Einschränkung durch bibliographische Grenzen.
- Die Einbindung eines **geographischen Registers** erlaubt es zudem, einen gewünschten Ortsnamen auf der Karte markieren zu lassen und ihn so zu lokalisieren.

Das Modell einer textfreien räumlichen Suche

1
Auswahl der Karte eines Landes auf einer Weltübersicht

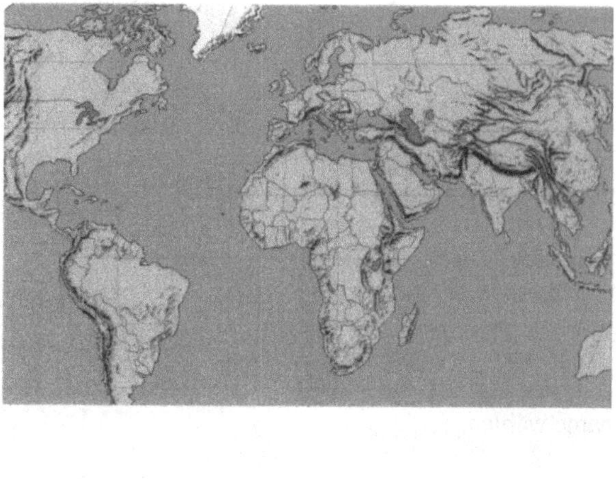

2
Karte des gewünschten Landes

3-a
Wahl des gewünschten Gebietes (Markierung)

Direkte Markierung der Region (Beispiel Vierwaldstättersee)

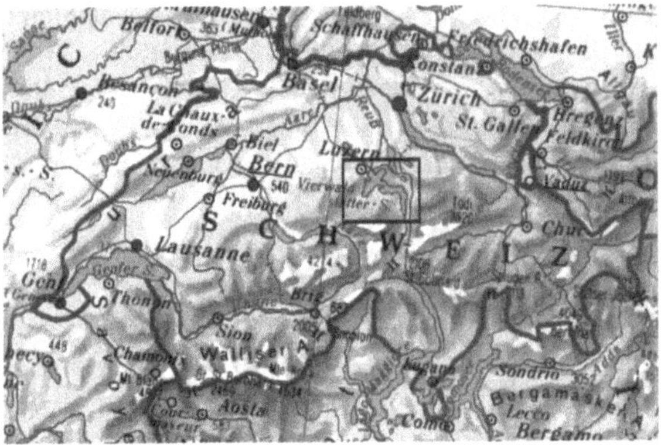

3-b
Wahl des gewünschten Gebietes mit Hilfe eines geographischen Registers.

Falls die Lokalisierung des Gebietes nicht direkt möglich ist, lässt sich aus dem integrierten geographischen Register ein relevanter Ortsname wählen.

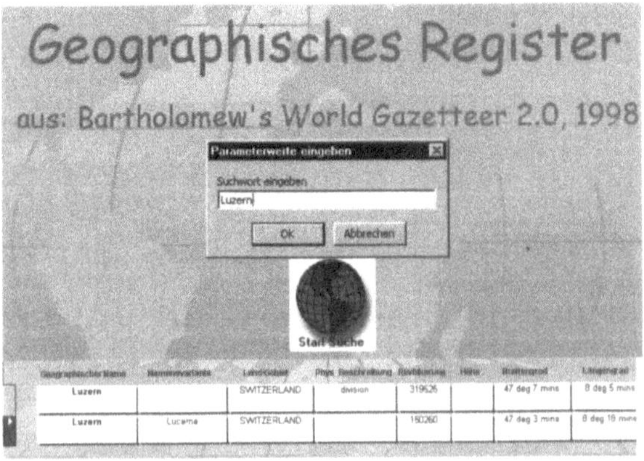

4
Per Programm wird der gewählte geographische Name auf der Karte angezeigt. Das gewünschte Gebiet kann nun um diesen Punkt (Luzern) markiert werden

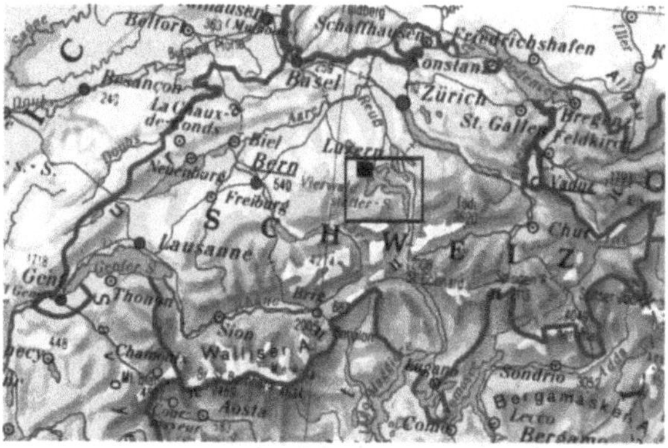

Bei Markierung des gewünschten geographischen Gebietes öffnet sich ein "Themen- und Maßstabsfenster".

5 Auswahl des Themas	Alle Themen Archäologische Karten Bevölkerungskarten Geologische Karten Hydrologische Karten .... Tektonische Karten Vegetationskarten Wirtschaftskarten Zeitzonenkarten Zoogeographische Karten
6 Maßstabswahl	1: .... bis 1: ....

Die Begrenzung nach Maßstab wird anhand der Grösse der gewählten Markierung per Programm festgelegt (als Maßstabsgruppe, z.B. bei kleinem Ausschnitt 1:10.000 bis 1:50.000), kann aber auch manuell geändert werden. Die Maßstabsbegrenzung ist notwendig, würden doch sonst bei jeder Suche auch die Weltkarten angezeigt.

7 Resultat A:

Trefferliste (Kurztitelliste)

Autor	Titel	Jahr
Buxtorf, August	Geologische Karte der Pilatus-Bürgenstock-Rigihochfluhkette, Blatt 3: Rigihochfluhkette 1:25 000 [Kartenmaterial]	1913
Buxtorf, August	Geologische Karte der Pilatus-Bürgenstock-Rigihochfluhkette, Blatt 2: Bürgenstock 1:25 000 [Kartenmaterial]	1910
Kaufmann, Franz Joseph	Geologische Karte des Pilatus 1:25 000 [Kartenmaterial]	1867
Fritsch, Karl von	Geognostische Karte des Sanct Gotthard 1:50 000 [Kartenmaterial]	1873
Fritsch, Karl von	Geologische Profile durch das Gotthardmassiv 1:50 000 [Kartenmaterial]	1873
Giordano, F.	Carta geologica del S.Gottardo 1:50 000 [Kartenmaterial]	1873

8 Resultat B:

Vollständige Titelaufnahme (mit Bestell-nummer)

Titel	Geologische Karte des Pilatus 1:25 000 [Kartenmaterial] / Franz Joseph Kaufmann, Schweizerische Geologische Kommission
Kartendaten	1:25 000 (E 08°11-E 08°20/N 47°00-N 46°56)
Impressum	Winterthur : Wurster & Randegger & Cie., 1867
Umfang	1 Karte : mehrfarbig ; 27 x 50 cm
Reihe	(Geologische Karte der Schwei ; Spezialkarte ; Nr. 3, 1867)
Gehe zu	Geologische Karte der Schwei
Fussnote	Quellen: H Müllhaupt, Kantonskarte von Luzern
Fussnote	in: Beiträge zur Geologischen Karte der Schweiz ; Lief. 5, 1867
Bestand	ETH-BIB (Zuerich)
Bestand	ETH-GEO (Zuerich)
Gesamtbestand	Alle Exemplare
Signatur	ETH-BIB (Zuerich) | K P 101017: 3 | TS Kartensammlung

9 Resultat C:

Karte auf dem Bildschirm (sofern digital vorhanden)

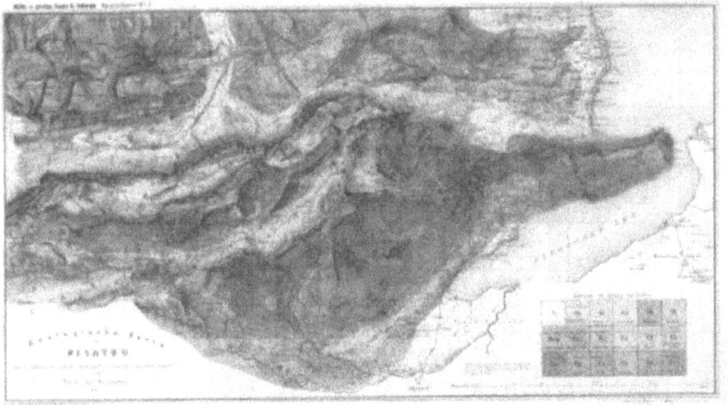

Die Realisierungsmöglichkeit

Das Know-how und die technischen Möglichkeiten sind heute in den Software-Firmen zweifellos vorhanden. So hat die Firma Lamatsch Ende letzten Jahres diese Modellidee einer Kartenrecherche aufgenommen und wird sie in die neue Version der Toporama-Software einbauen. Erste Versuche mit Testdaten haben bereits ergeben, dass die Realisierung der textfreien räumlichen Suche in Kürze möglich ist. Wir rechnen, im Jahr 2002 einen ersten graphischen Katalogs mit rund 40.000 Katalogrecords und über 300.000 Kartennachweisen anbieten zu können.

Voraussetzungen für eine solche Realisierung ist eine Datenbank, in der jedem Kartendokument die 4 begrenzenden Koordinatenwerte zugeordnet sind. Für Kartenblätter der Kartenwerke können diese in Toporama per Programm aus dem Gitternetz des elektronischen Indexblattes errechnet werden. Für Einzelkarten ohne Indexblatt werden diese Koordinatenwerte aus der bibliographischen Titelaufnahme (z.B. aus der mathematischen Zone der ISBD(CM)-Katalogisierung) entnommen. Die Voraussicht, in der Kartenkatalogisierung auch die geographischen Koordinaten zu berücksichtigen, zahlt sich damit nun endlich aus.
Für Katalogisate ohne Koordinateninformation, wie sie leider in zahlreichen Kartensammlungen existieren, muss wohl mittels geographischer Register eine automatisierte rudimentäre Ergänzung mit 2 Koordinatenwerten vorgenommen werden, ist doch eine katalogtechnische Nacherfassung aus zeitlichen Gründen meist nicht möglich.

Mit der graphischen räumlichen Recherche ergeben sich neue Recherchemöglichkeiten, die nicht nur für Karten, sondern für alle Bereiche von Raumdaten und jeglichen Daten mit einem Bezug zur Erdoberfläche von Interesse sein könnten. Es ist sogar denkbar, dass die Suche nach Koordinatenwerten auch im Bereich des Mikro- und Makrokosmos Sinn machen könnte.

Braucht die neue Erde noch Kartenkuratoren?[1]

Jan Smits
(Uebersetzung: Gerd Weidemann, Berlin)

Es ist schwierig sich vorzustellen, wie in den kommenden Jahrzehnten Nutzer die Informationsgrundlage der Geodaten sehen werden. Innovationen in Aufbau und Design von Datenbanken gehen autonom vonstatten und lassen sich kaum durch Dokumentationszentren beeinflussen. Der einzige Bereich, den wir beeinflussen können und in dem wir historisch stark sind, ist die Erschließung der Daten. Wir sollten auf unserer Erfahrung aufbauen, nicht nur um einen besseren Zugriff auf die Daten zu ermöglichen, sondern auch um die Besitzer von Geo-Datenbanken in Bezug auf die Integration von Metadaten in ihre Datenbanken zu beraten, damit diese weitgehend automatisch verarbeitet werden können. Des Weiteren sollten wir die Interoperabilität von Systemen beobachten und Daten mit räumlichem Bezug von nicht-geospatialen Objekten bzw. Datenbanken miteinbeziehen, um dem Nutzer einen größeren Kontext anzubieten, innerhalb dessen er dann arbeiten kann. Obwohl es nicht Thema dieses Artikels ist, muss man sich darüber im Klaren sein, dass in Zukunft die meisten Daten lediglich durch Daten-Warenhäuser zugänglich sind, die Teil der nationalen wie internationalen Informations-Infrastrukturen sein werden.

Unsere neue Erde

Manch eine Science Fiction-Geschichte erzählt, wie wir in Zukunft mit virtuellen Bibliothekaren und wahrscheinlich auch virtuellen Geodaten-Kuratoren in Kontakt treten werden. Kartenkuratoren spielen keine Rolle mehr, da Karten von Datenbankinhalten erzeugt und als feste dokumentähnliche Objekte beschrieben werden. Und wenn wir auf eine Kartensammlung stoßen, so ist dies ein Überbleibsel aus verrückten Zeiten, als die Menschen Spaß daran fanden, sich mit riesigen Papierprodukten zu belasten, bei denen es nicht möglich war, die darauf abgebildeten wesentlichen Informationsebenen zu manipulieren.

Geodaten werden so weit wie möglich durch mechanische Hilfsmittel gewonnen und enthalten ortsbezogene Daten, die Teil analoger und digitaler alphanumerischer Objekte und Datenbanken sind. Wir sollten uns darüber im Klaren sein, dass viele

---

[1] *Originaltitel: Will we be able to manage our new earth?*
Ein Teil dieses Artikels ist in englischer Sprache im IFLA-Journal Inspel 36 (2002), pp.22-48 erschienen.

räumliche Phänomene einschließlich menschlicher Aktivitäten, bereits ständig beobachtet und aufgezeichnet werden.[2]
Was wir bewerten müssen, ist, ob wir (in Zukunft) in der Lage sein werden, mit Zugrifftools – ob nun existierenden, sich entwickelnden oder zukünftig möglichen - zu arbeiten, die es ermöglichen, die ‚Informationsschätze' zu finden, die unsere Kunden suchen. Bei dieser Abwägung müssen wir berücksichtigen, dass wir noch hauptsächlich mit dokumentenähnlichen Objekten (DLO = Document-like Object) zu tun haben[3], dass wir aber in Zukunft mehr und mehr zunächst die relevanten Daten und dann die geeignete Software finden müssen, die eine lesbare Datei, ein Bild und möglicherweise auch eine tastbare Abbildung erzeugen kann. Dieser Übergang von DLOs zu Datenbanken[4] wird einige Zeit in Anspruch nehmen.

Auf dem Weg zu einem neuen Paradigma

Zur Zeit durchlaufen wir das, was man einen Paradigmenwechsel nennen könnte. Kuhn benutzte den Ausdruck Paradigma, um eine allgemein akzeptierte Menge von Annahmen und Verfahren zu bezeichnen, die Gegenstände und Methoden der wissenschaftlichen Untersuchung[5] definieren. Wenn die Annahmen und Verfahren nicht mehr dazu dienen können, Antworten in Bezug auf das Ziel, für das sie formuliert wurden, geben zu können, oder wenn das Ziel eine Neuformulierung benötigt, da die Antworten nicht mehr adäquat sind, müssen neue Annahmen und Verfahren formu-

---

2 *Die Menge an dauernd erfassten Daten mit räumlichen Attributen ist überwältigend. Um nur ein paar Beispiele zu nennen: Satelliten werfen dauernd Daten über die physikalische Umgebung aus, z.B. für Wettervorhersagen und das Global Change Project, und beobachten Bewegungen in der Luft und auf dem Wasser; Regierungen und Behörden überwachen den Verkehr und andere Bewegungen und beobachten Planungen und Baugeschehen; Volkszählungen werden in bestimmten Abständen in den meisten Ländern durchgeführt; Biologen zählen in bestimmten Abständen den biologischen Bestand; Unternehmen unterhalten große Datenbanken mit Informationen zum Kundenverhalten; ja die Welt ist beinahe vollgemüllt mit Web- bzw. Videokameras etc.*

3 *Ich würde ein DLO als eine Informationseinheit definieren, die bestimmte deskriptive Daten enthält, die in einer formalen Beschreibung genutzt werden können.*

4 *Ich würde eine Datenbank als eine Sammlung von BLOBs (Binary Large Object) definieren mit spezifischen Daten, die durch ein zu Grunde liegendes strukturiertes Prinzip auffindbar sind, z.B. geographische Koordinaten, die Periodentafel der Elemente in der Chemie, die Genom-Sequenz, etc.*

5 *Kuhn drückt es aus als "universally recognized scientific achievements that for a time provide model problems and solutions to a community of practitioners". Kuhn, T.S. (1962). The structure of scientific revolutions. Chicago, University of Chicago Press, S. X.*

liert werden, die die gestellten Fragen beantworten können. Wenn Kuhn feststellt, dass nicht beantwortbare Fragen zu einer revolutionären Wissenschaft führen, würde ich sagen, dass ein Paradigma immer zu einem bestimmten Zeitpunkt an seine paradoxen[6] Grenzen stößt. Wenn sich Paradoxien ansammeln, kommt ein Moment, wo es logisch erscheint, ein neues Paradigma zu formulieren, das neue Vorgehensweisen erfordert[7]. Die Idee eines Paradigmenwechsels kann jedoch nicht zu streng ausgelegt werden. Da Wissen und die Daten, auf die es sich gründet, einen kumulativen Charakter haben, und Annahmen und Verfahren aufeinander folgen, kann es keine scharfe Trennung zwischen dem einen und dem anderen Paradigma geben. Es kann manchmal vorkommen, dass einige ältere Annahmen noch gültig sind und einige Verfahren noch innerhalb eines neuen Paradigmas funktionieren. Nur im historischen Rückblick kann man feststellen, zu welchem Zeitpunkt ein Paradigma vollständig durch ein anderes ersetzt wurde. Des Weiteren kann ein Paradigmenwechsel an sich eine objektive Erscheinung sein, aber als solcher nur dann anerkannt werden, wenn ein breites subjektives Erkennen des neuen Paradigmas erfolgt.

Das Problem für uns ist, dass wir uns mitten in einem Paradigmenwechsel befinden und aus diesem Grunde auf Probleme stoßen werden, wenn wir definieren wollen, welche Annahmen und Verfahren in der Zukunft adäquat sein mögen. Es stellt sich die Frage, wie wir den Übergang so sanft wie möglich organisieren können, wobei wir davon ausgehen, gegenwärtige Verfahren wenigstens auf zukünftige Technologien transferieren zu können. Es ist so, als fiele man in eine Science Fiction-Geschichte oder ein Märchen, in dem Teile der Umgebung (in physischem und/oder mentalem Sinne) uns an unsere normale oder traditionelle Umgebung erinnern, in der es aber auch viele Phänomene und Denkweisen, Lebensweisen und Kommunikationsformen gibt, die schwer zu interpretieren sind, da wir sie uns an den vagen Grenzen unseres Intellekts und unseres Gefühle vorstellen müssen. Manchmal verstehen wir sie nicht, da unser Bezugsrahmen sie nicht zulässt oder da wir Angst haben, unsere traditionellen Denk- und Vorstellungsweisen aufzugeben. Neue Arten der Kommunikation oder wie in unserem Fall die Definition neuer Fragestellungen und Antworten kann sehr verwirrend sein, da wir die zu Grunde liegende Syntax und Semantik noch nicht verstehen und deuten können.

Kuhn wurde für seine Paradigmentheorie gescholten, besonders für die Idee der Nichtmessbarkeit aufeinanderfolgender Paradigmen. Ich denke, seine Theorie lässt

---

[6] *Paradox: a person, thing or phenomenon at variance with normal ideas of what is probable, natural or possible. Hayward, Arthur L. and Sparkes, John J. (1982). The concise English dictionary.*

[7] *Oder wie Lyotard es ausdrückt: Die Wissenschaft kommt immer mehr zu der Schlussfolgerung, dass ihre Dynamik im Paradoxen, im Inkompatiblen und im Unbestimmten liegt. Peperstraten, Frans (2000). Jean-François Lyotard. In: Filosofen in deze tijd, S. 201.*

sich auf unsere Situation anwenden als eine Basis, auf der unsere Annahmen funktionieren (Karte vs. Daten). Ihre Verarbeitung (software agents) und die Art, wie wir den Produktionsfluss zu managen haben (unter anderem TGIS)[8], wie auch die Ziele, für die diese Verfahren Tools sind, ändern sich auf so radikale Weise, dass die zukünftige Situation nicht vergleichbar oder inkompatibel mit der gegenwärtigen oder traditionellen erscheint. Obwohl die Annahmen und Verfahren der verschiedenen Paradigmen unmessbar erscheinen, werden sie einige Zeit nebeneinander existieren, wie einige Daten innerhalb des vorhergehenden Paradigmas, besonders physische Karten, nicht in das neue Paradigma übertragen werden können, da die Daten, aus denen sie erstellt werden, nicht mit ihren Begleitattributen in separate Einheiten extrahiert werden können und deshalb auch nicht als unabhängige Daten innerhalb des neuen Paradigmas existieren können. Die digitalisierten Karten benötigen ein Emulationsverfahren[9]. Aber gewisse Verfahren sollten auch über einfache Verarbeitungs- und Suchverfahren verfügen, die Emulationen der Verfahren des vorhergehenden Paradigmas sind.

Eine der Besonderheiten eines Paradigmenwechsel ist, dass experimentelle oder innovative Annahmen und Instrumente divergieren werden, d.h. die Lücke zwischen einzelnen (Gruppen von) Sammlungen wird sich für einige Zeit vergrößern, da zuerst einmal jede ihre Ziele und die Wege zu diesen Zielen neu definieren wird. Wie bei dem alten Paradigma (Paris Principles und ISBD/MARC) wird es einige Zeit dauern, bis man sich auf gemeinsame Ziele und Instrumente geeinigt hat. Einigen Sammlungen wird es schwerer als anderen fallen, diese zu erreichen. Es wird davon abhängen, wie sicher man sich ist, in Bezug auf die Ziele, die erreicht werden sollen und die dafür benötigten und zur Verfügung stehenden Ressourcen.

Um nicht die Hoffnung oder uns selbst auf diesem Weg zu verlieren, müssen wir die verfügbare gegenwärtige Technologie bewerten, da es keine andere Möglichkeit gibt, nach Wegen suchen, wie sie in neuere Konfigurationen emuliert, migriert oder transformiert werden kann. Gleichzeitig müssen wir jedoch versuchen, innovative Technologien einzuführen oder sie aus anderen Gebieten der Wissenschaft zu entlehnen, um neue Arten von Fragestellungen beantworten zu können. Leider bin ich

---

[8] *Temporal GIS. "Although the computer technology for spatio-temporal analysis exists, the GIS community must undergo a paradigm shift to fully appreciate TGIS benefits. It's not just a matter of collecting time-based data within a GIS, but also developing a new way of thinking about time in spatial sense". Jim Castagnery (1998). Temporal GIS explores new dimensions in time. Http://www.geoplace.com/gw/1998/0998/998tmp.asp [Zugriff vom 20. Februar 2001]*

[9] *Rothenberg, Jeff (2000). Using emulation to preserve digital documents. Den Haag, Koninklijke Bibliotheek, 69 S.*

nicht ausreichend informiert, wie Datenbanken, sowie die Relationen und Topologien ihrer Daten aufgebaut sind und wie sich diese entwickeln, um diese Veränderung vollständig zu verstehen und beschreiben zu können. Ich kann nur versuchen, mir vorzustellen, wie die Entwicklung voranschreitet, ohne dabei aber in Einzelheiten zu gehen. Andererseits kann ich die traditionellen Suchmechanismen, die wir benutzen, zusammenfassen und schauen, welche zusätzliche und/oder vergrößerte Funktionalität entwickelt werden kann, und die mögliche Anwendbarkeit neuer Suchmechanismen aus anderen Fachgebieten in unserem Fachgebiet kommentieren. Wenn ich von traditionellen Suchmechanismen rede, denke ich an den Dublin Core (DC), ISBD/AACR-MARC (IAM), FGDC/ISO (FI)[10] Standards und ähnliches; wenn ich von innovativen Suchmechanismen rede, denke ich an Tools wie visuelle geographische Schnittstellen, TextTilling, Knowledge Discovery und Data Mining.

Von DLOs zu Daten

Das traditionelle Paradigma, innerhalb dessen wir arbeiten, ist die Identifizierung von Karten. Wir müssen versuchen, damit umzugehen, dass wir in Zukunft statt mit Bildern, die sich aus mehreren in einem Bild aufeinander gedruckten Datenebenen zusammensetzen, in erster Linie mit einzelnen Daten bzw. Datensätzen arbeiten werden. Dies ist eine Veränderung, die unsere Arbeit mehr beeinflusst, als wir es uns vorstellen können. Bisher waren wir recht geschickt, wenn es darum ging, kartographische Abbildungen zu lesen und ihren Inhalt unseren Kunden, die selbst nicht so besonders erfahren waren, näher zu bringen. Wir brauchen keine Kartographen zu sein, da das Bild für uns erzeugt wird und wir hauptsächlich zu bewerten haben, ob die bei der Erzeugung benutzten Quellen für die gestellte Aufgabe die geeigneten sind. Wir haben gelernt, die Muster und Bezüge im Inhalt der Karte zu lesen. Wir haben gelernt, das Bild anhand seiner Einzelheiten zu bewerten und seine kartographischen und mathematischen Besonderheiten zu interpretieren. Für die Wechselbeziehungen nutzen wir geographische und thematische Thesauri. Und wenn wir ein ausgeklügeltes Suchsystem haben, können wir einzelne Charakteristika und Besonderheiten selektieren und kombinieren aus den Beschreibungen des Abgebildeten. Als Antwort auf unsere Fragestellung erhalten wir eine oder mehrere Beschreibungen von Karten, die die Informationen enthalten, nach der wir suchen. Wenn notwendig, können wir unserem Kunden bei der Interpretation der Dokumente, die er oder sie als Resultat der gestellten Frage erhält, helfen.

Diese Methode führt jedoch nicht immer zu der gewünschten Antwort. Sie wird üb-

---

[10] *Vielleicht sind die FI-Standards Mechanismen, die für den Paradigmenwechsel beispielhaft sind, wobei sie beim Kodieren von Kerneinheiten und ihren Attributen oder Eigenschaften innovativen Charakter haben, und sie qualifizieren.*

licherweise nur eine Annäherung an die gestellte Frage sein, da keine einzelne oder ein Satz kartographischer Materialien die gestellte(n) Frage(n) vollständig beantwortet. Dies ist deswegen so, weil wir von der Selektion und Interpretation der Daten abhängen, die der Kartograph, der die Karte hergestellt, benutzt hat. Und bei der Konstruktion von Basis- zu allgemeinen Daten bedient sich der Kartograph nicht nur der Eins-zu-Eins Mechanismen, sondern fügt den Bildern etwas hinzu oder nimmt etwas weg, so dass das Bild nutzerfreundlicher, kunstvoller bzw. für den Nutzer brauchbarer wird[11].

In seinem Werk *Laokoon*[12] warnt der deutsche Dramatiker und Kritiker G.E. Lessing (1729-1781) „poets against empirical descriptions of landscapes, because the consecutive nature of language breaks up into parts what is bodily coexistent. These parts are then difficult or impossible to put together again. What exists side by side becomes transformed into before and after by verbal description. Painting has not this kind of limitation. Nor has the map, a geographer would add"[13]. Die Karte ist eine Interpretation mit Hilfe eines nur kleinen Teils der Daten, die bei der Herstellung verfügbar waren. Sobald die Karte produziert ist, gibt sie den Überblick, was hoffentlich eine Annäherung an die von uns gesuchte Realität ist, das heißt, wir können viel leichter die Wechselbeziehungen zwischen ihren konstituierenden Teilen interpretieren.

Von der Bewertung zur Herstellung

Die Zukunft unterscheidet sich aber vermutlich in umgekehrtem Sinne: „With an array of analysis tools [researches in future] will work more exhaustively with the ... digital resources than they have so far been able to work with analogue ones. ... Increasingly, research efforts to interpret these data are assisted by data visualization tools. In addition to data mining and visualization tools, future researchers will be aided by intelligent agents that explore the ... [data] looking for information that meets certain userspecified criteria and refine their searches as they accumulate data and knowledge. Digital archives [or repositories] combined with new technologies will liberalize scholarship. They will enable simultaneous access to a range of sour-

---

[11] *Der Kartograph kann sogar von der Realität abweichen, wenn er die verschiedenen Ebenen einer Karte (z.B.. Topographie, Orographie, Text, etc.) zusammenbringt, um die Abbildung leserlicher oder kunstvoller zu gestalten.*

[12] *Lessing, Gotthold Ephraim (1766). Laokoon oder ueber die Grenzen der Mahlerey und Poesie.*

[13] *Zitiert nach: Hägerstrand, Torsten (1995). Landscape as overlapping neighbourhoods. In: Benko, Georges B., und Strohmayer, Ulf. Geography, history and social sciences. Dordrecht, Kluwer, S. 86.*

ces (both local and distant) and facilitate the use of research methods not possible with conventionally printed or hand written records.".[14]

Obwohl viele Kollegen die Worte verstehen, die Andrew Tatham während der LIBER-Konferenz 1994[15] in seinem Vorwort niedergeschrieben hat, können noch wenige von uns dies in Realität umsetzen bzw. dessen volle Bedeutung begreifen.

Im Datenzeitalter müssen wir oder die Software, die an unserer Stelle handelt, unsere Kunden fragen, welche Art von Merkmalen, Topologie, Bezüge, Muster, etc. er/sie auf dem zu erzeugenden Bild sehen will. Das vermutlich Einfachste ist, den Bereich auszuwählen, für den das Bild zu funktionieren hat, zusammen mit seinen mathematischen Eigenschaften wie Maßstab, Projektion, geographisches Gradnetz[16], etc. Dann müssen wir diesen leeren Bereich mit Punkt-, Linien- und Flächenelementen, sowie ihren Attributen aus einer oder mehreren uns zur Verfügung stehenden Datensätzen füllen. Und wir müssen beachten, dass einige aufeinander gestapelt sein könnten, da Datensätze in vielen Funktionalitätsebenen vorkommen können[17].

Jetzt müssen wir überlegen, wie das Bild, das wir erzeugen wollen, aussehen könnte, dann die Daten ermitteln, mit denen dieses Bild erzeugt werden kann und sodann die Software anwenden, die dieses Bild tatsächlich konstruiert. Das bedeutet, wir müssen zumindest teilweise Kartographen sein, um diesen Prozess durchzuführen. Das zu erzeugende Bild sollte zunächst vor unserem inneren Auge geformt werden, bevor wir die konstituierenden Daten auswählen, damit der kartographische Überblick, den wir erreichen wollen, nicht durch die Tatsache eingeschränkt wird, dass wir in die Falle stolpern, zu wissen, was vorher und was hinterher ist, ohne zu wissen, was das Ganze ausmacht.

---

14 *Ross, Seamus (2000). Changing trains at Wigan: digital preservation and the future of scholarship. London, National Preservation Office, S. 11-12.*

15 *"We shall no longer provide the users with someone else's selection and presentation of data, but with the data itself and with the means by which the user can make their own selection and presentation of this data to inform or to mould their own or other people's image of the world". TATHAM, Andrew (1995). Can the map curator adapt? In: The LIBER Quarterly, vol. 5/1995, no. 3, S. 330-336. [http://www.kb.nl/infolev/liber/articles/2tatham.htm]*

16 *Das meiste davon ist Information mit räumlichem Bezug. E.G. Phillips, Hugh (2000). 'Colorized Content Standards for Digital Geospatial Metadata, FGDC-STD-001-1998. [http://badger.state.wi.us/agencies/wlib/sco/meta/colorstd/hier_basiccsdgm.html#Spatial_Reference_Information. Zugriff: 2. Januar 2001]*

17 *Z.B.: TOP10vector, die digitale topographische 1:10 000 Karte der Niederlande besteht aus 69 Informationsebenen, die in einer oder in einer Kombination von Ebenen durchsucht werden könnte.*

Metadaten Systeme

Es bedeutet aber auch eine radikale Veränderung des Zugangs zu den Daten, die wir unter unserer Kontrolle haben. Beschreibungen wie DC und IAM sind inadäquat, da sie dafür entwickelt werden, DLOs zu identifizieren. Beschreibungen wie FI sind eher geeignet, da sie entwickelt werden, um die Qualität der digitalen Daten oder Datensätze bewerten zu können. Sie sind jedoch Standards der ersten Generation, die zur Evaluation und Selektion einzelner Datensätze herangezogen werden können. Sind sie auch funktional für Knowledge Discovery und Data Mining, d.h. kann man mit ihnen die relevanten Datenelemente oder Sammlungen von Datenelementen finden, die auf dem Kartenbild, das unsere Kunden haben wollen, funktional sind?

"In the long term metadata ... will evolve to support a hierarchy of different levels of abstraction, and different degrees of expertise on the part of the user. Moreover, the traditional concept of the map sheet or image scene, which currently dominates the granularity of information in GIS-databases, is likely to be replaced by geographical seamlessness"[18]. Eines der Probleme, das in naher Zukunft viel Stoff für Diskussionen liefern wird, ist die Granularität der Information, auf die zugegriffen werden soll und es stellt sich die Frage, welches die kleinste Informationseinheit ist, die eine spezifische beschreibende Aufmerksamkeit verdienen könnte. "In the digital world, granularity of information may take on an entirely new and unfamiliar forms that are no longer linked to the granularity established by the author or publishers ... [nor is it] no longer possible to sustain a simple, uniform concept of information object and a one-to-one correspondence between object and catalog record" [19].

Produzenten geographischer Datenbanken werden zu einem beschreibenden Format ihrer Datenbanken gelangen, das nicht nur ihren Inhalt[20] beschreibt, sondern, und dies ist wichtiger, die potenziellen Anwendungen, die mit den Daten ihrer Datenbanken möglich sind. Was in der Tat fehlt, sind Suchstrategien nach Daten, die ein Bild eines spezifischen oder einer Kombination eines oder mehrerer georäumlicher Phänomene formen, oder die Frage beantwortet, wie man die Raumdaten findet, die uns bei der Entscheidungsfindung, bei Voraussagen und Ausblicken und bei der

---

[18] *Goodchild, Michael F. (1995). Alexandria Digital Library. Report on a workshop on metadata held in Santa Barbara, California, November 8, 1995. http//www.alexandria.ucsb.edu/publicdocuments/metadata/metadata_ws.html [Zugriff: 15. Februar 2001].*

[19] *Goodchild, Michael F. (1995). Alexandria Digital Library. Report on a workshop on metadata held in Santa Barbara, California, November 8, 1995. http//www.alexandria.ucsb.edu/publicdocuments/metadata/metadata_ws.html [Zugriff: 15. Februar 2001].*

[20] *Für diesen Zweck können sie die FI-standards einsetzen.*

Evaluation eines spezifischen räumlichen Phänomens oder von Kombinationen räumlicher Phänomene unterstützen.

Diagramm 1. Kombiniertes Diagramm für die Haupt-Metadatenkonzepte

Dieses Diagramm ist ein Versuch, jedes Element innerhalb der gegenwärtig gebräuchlichen Metadaten-Systeme in ein umfassendes Metadaten-Informationsdiagramm zu übertragen. Dies sagt nichts über das oder die benutzten Formate, so lange sie interoperabel sind und mit dem gleichen Protokoll abgefragt werden können. Von der Input-Seite aus gesehen werden bestimmte Metadaten-Elemente unterschiedlich behandelt. Wenn die Inhalte der Elemente innerhalb der Daten erkennbar sind, dann kann der größte Teil des Inputs automatisch vonstatten gehen. Anstatt sich vollständig auf das Vorwissen des Katalogisierers zu verlassen, könnte eine digitale Bibliothek eine direkte Suche nach den Inhalten eines Informationsobjektes zulassen, besonders für domain-spezifische Informationen oder kleinere Details, die ein Katalogisierer normalerweise nicht kennen würde[21]. Dies bedeutet eine große Last von Verantwortung auf der Seite des Herstellers. Von der Output-Seite her gesehen, könnte es notwendig sein, Metadaten aus verschiedenen Formaten zu extrahieren, was jeweils von der Funktion abhängt. Sollten Überschneidungen zwischen verschiedenen Formaten notwendig werden, sollte dies hinter dem Bildschirm geschehen, ohne den Nutzer damit zu belasten.

Die neuen Verarbeitungsmethoden hängen zu einem großen Teil von neu formulierten Abfragen und dem Glauben oder der Annahme ab, dass solche Abfragen mit den zur Verfügung stehenden Daten oder Datensätzen beantwortet werden könnten. Dies bedeutet, dass eine neue Suchtechnologie sich experimentell entwickeln wird und dass viele Entwicklungen sich als Sackgassen herausstellen werden. Um zu viele Sackgassen zu vermeiden, müssen wir Technologien betrachten, die mit großen Datenmengen arbeiten, wie die Astronomie oder Fernerkundung, wie Datenverarbeitung bei Volkszählungen oder auf dem Gebiet der Versicherungsstatistiken. In diesen Disziplinen wird versucht, durch Testverfahren Muster, Bezüge und Topologie festzustellen.

Die Zunahme geographischer Daten ist mehr als exponentiell. Wenn wir eine Sammlung von einer Million Karten groß nennen, so könnte man sie nach gegenwärtigen Maßstäben als groß bezeichnen. In Terabyte Maßstäben wäre sie aber nicht allzu groß, und sie könnte in der Zukunft sogar als klein bezeichnet werden. Auch ist zu berücksichtigen, dass viele DLOs topographische Karten sind. Das Problem ist, dass unsere Tools, mit deren Hilfe wir zukünftige Datensammlungen managen,

---

[21] *Goodchild, Michael F. Ebenda.*

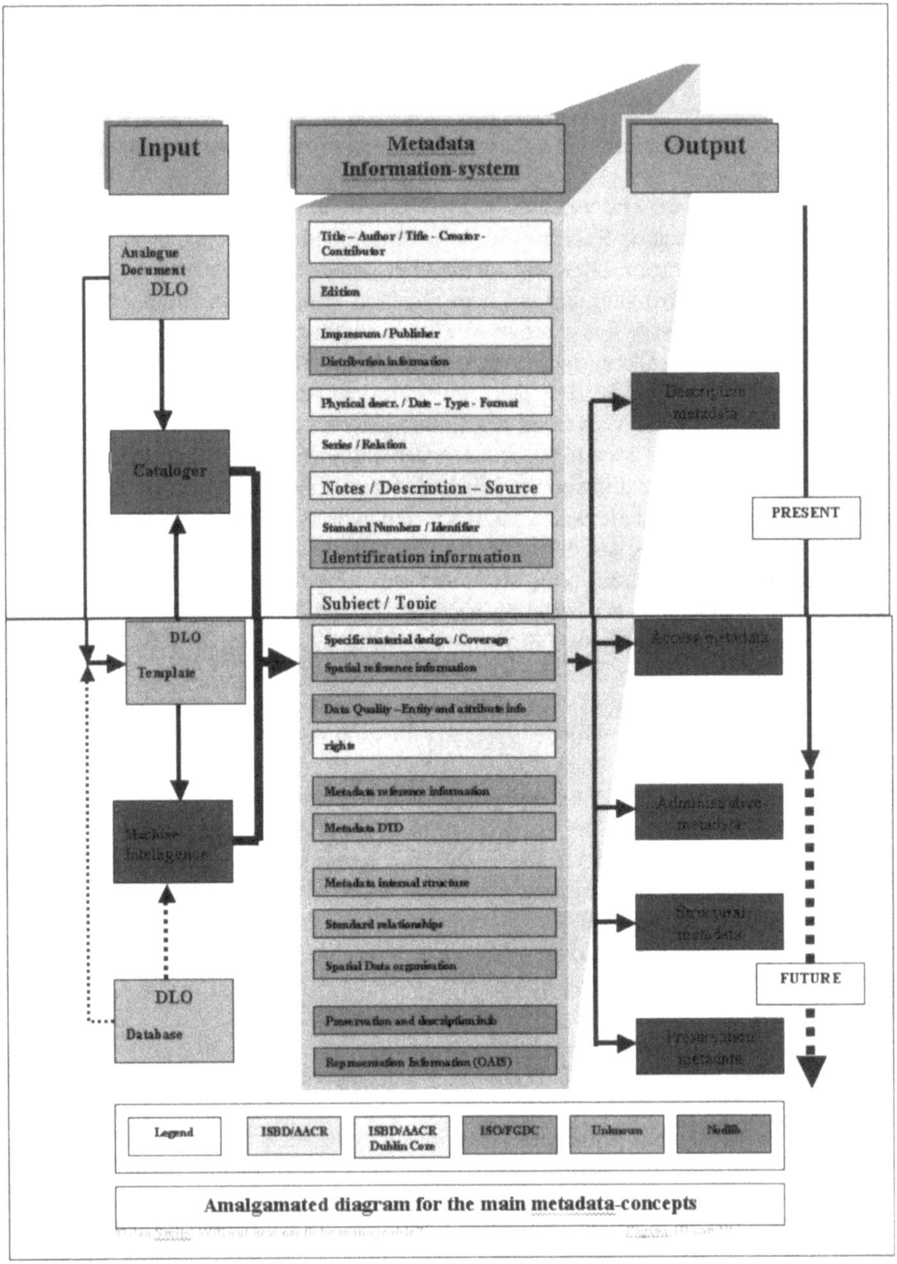

Amalgamated diagram for the main metadata-concepts

automatisierter und teilweise unabhängiger sein müssen, da der menschliche Verstand nur mit einer begrenzten Datenmenge umgehen und davon eine begrenzte Menge an DLOs produzieren kann. Um in die Lage versetzt zu werden, in der Zukunft mit riesigen Mengen umgehen zu können, müssen wir uns darauf einstellen, mehr und mehr zu Meta-Managern von Daten, wie auch von Metadaten oder Meta-Informationssystemen zu werden. Metadaten werden eingeordnet in Klassen wie ‚deskriptiv',, Zugriff', Verwaltung', Struktur', und ‚Aufbewahrung'[22].

Und wir können uns nicht auf Karten beschränken, obwohl diese historisch die Grundlage unseres Berufs ausmachen. Wir müssen bereit sein, unsere Perspektive zu erweitern, um reine geographische Daten mit zu berücksichtigen und somit Geographie und Kartographie zu ihrer Dichotomie zurückzuführen. Wir könnten aber auch Hilfsdaten aus Gebieten[23] heranziehen, die nicht geographischer Natur sind, die aber viele ortsbezogene Daten sammeln oder nutzen.

Innerhalb dieses Systems müssen wir gleichzeitig darauf achten, Daten unterschiedlichen Wertes und unterschiedlicher Funktionalität zu kombinieren oder wieder zu kombinieren oder, was noch besser wäre, sich Daten und Datensätze als gemeinsames Ganzes vorzustellen, um zu neuen Einsichten und Antworten zu kommen. Wir müssen uns jedoch innerhalb unserer Kompetenzen bemühen und dabei gleichzeitig versuchen, uns neue, aber noch unbekannte Ziele vorzustellen. Einige dieser Verfahren könnten autonom sein, da TGIS in Kombination mit Data Mining Daten und ihre kombinatorischen Werte analysieren kann. Eines dieser Ergebnisse könnte weiterhin eine kartographische Landkarte sein, damit der menschliche Verstand einen Überblick gewinnen und die auf dem Bild visualisierten Daten verarbeiten kann.

---

[22] *Diese Tendenz ist auch beim NEDLIB–projekt (Networked European Deposit Library) festzustellen, das teilweise vomTelematics for Libaries Programm der Europäischen Kommission finanziert wird. Einer der Berichte beschäftigt sich mit Metadaten für die langfristige Aufbewahrung elektronischer Publikationen. Lupovici, Catherine [and] Masanès, Julien (2000). Metadata for the long term preservation of electronic publications. Den Haag, Koninklijke Bibliotheek. (Nedlib report series; 2).*

[23] *Wie die Biochemie, Biologie, Botanik, Technik, Geschichte, Medizin, Physik, Psychiatrie, Zoologie usw. Siehe: Millea, Nick (1998). Delivering digital data into the library: the DIGIMAP project and its impact on the map room - the Bodleian Library experience. In: The LIBER Quarterly, vol. 9/1998, no. 2, pp. 189-200, table 3 [http://www.kb.nl/infolev/liber/articles/millea03-11.html. Zugriff 2. Januar 2001]; Morris, Barbara et al. (2001). EDINA Digimap: new developments in the Internet mapping and data service for the UK Higher Education community. In: LIBER Quarterly, vol. 10/2000, no. 4, Table 1 and 2, pp 446-448.*

Wie in traditionellen Bibliotheken kann Information in vielfältiger Art und Weise katalogisiert und erschlossen werden; das reicht vom einfachen beschreibenden Katalogisieren der Objekte und der thematischen Analyse des Inhalts bis zu spezialisierteren Methoden der Klassifikation und Beschreibung, die die Spezifika digitaler Geo-Datenbanken ausnutzen. Manchmal würden wir sogar einen Satz von Landkarten als geographische Schnittstelle zwischen dem Nutzer und den Metadaten-Datenbanken[24] nutzen.

Eine idealisierte Nutzer-Konfiguration

Wenn wir die zukünftige Nutzung von Kartensammlungen betrachten, so werden sie sich langsam in kartographische oder Geo-Laboratorien verwandeln, ob nun Inhouse oder auch von außen zugänglich. Dies macht es für uns zwingend notwendig, in großem Umfang Zugang zu Daten, Metadaten, Software und Hardware zu haben. Eine Konfiguration, die all diese Bestandteile umfasst, setzt die Interoperabilität zwischen Systemen und eingesetzten Datenbanken grundsätzlich voraus. Sie könnte aus den folgenden Elementen bestehen:

- Lokale Geo-Datenprovider, einschließlich fachübergreifender Datensätze
- Nationale Geo-Datenprovider
- Internationale Geo-Datenprovider
- Internet-Dienste (subject gateways, e-mail, etc.)
- Datenverarbeitungs-Konfiguration (TGIS, Internetprogramme, kartographische Programme, Desk-Office Programme etc.)
- Visuelle geographische Schnittstelle (s.o.)
- Bibliographische Hilfsmittel (Nationaler Verbundkatalog, WorldCat etc.)
- Zusätzliche Serviceangebote (Scannen, Drucken, Speichern, Emulation etc.)
- Firewall zum Schutz der Konfiguration
- Mit einem Mitarbeiter besetzter Helpdesk

Eine solche Konfiguration hängt in großem Maße von der Kooperation auf allen Ebenen ab. Der menschliche Faktor wird jedoch immer noch der wichtigste Faktor für den Erfolg sein. Und wenn zum Teil die Kartenkuratoren diesen menschlichen Faktor ausmachen, dann haben sie einen langen Weg vor sich, bevor sie den Punkt erreichen, die in der Zukunft benötigten Dienstleistungen anbieten zu können. Die

---

[24] *Siehe z.B. den Abschnitt 'An atlas as a geographic interface' in: Smits, Jan: Can a map be a geographic information retrieval tool. In: LIBER Quarterly 10 (2000) 4, S. 506-509.*

Konfiguration wird zunächst einmal nur Inhouse verfügbar sein, aufgrund von Copyright-Regelungen und der Unmöglichkeit zu garantieren, dass die Daten nicht „entweichen“, also von nicht autorisierten Nutzern genutzt werden. Wenn wir hier bessere Sicherungen getroffen haben, dann werden diese Konfigurationen auch von außen her zugänglich sein.

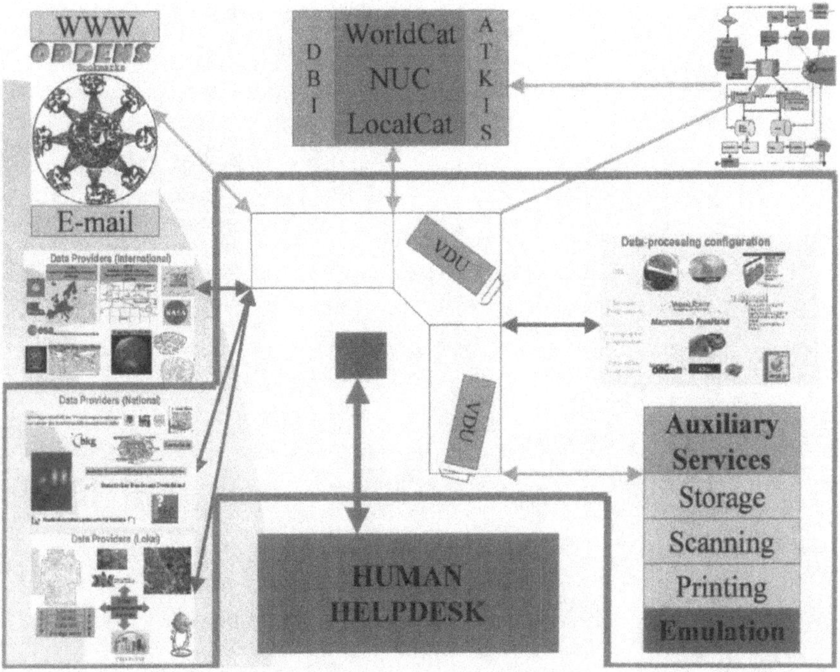

An Idealized User-Configuration

WWW-Adressen (URLs)

Digitale Karten - eine Herausforderung für die Kartensammlung? (H. Asche)
http://www.alexandria.ucsb.edu/ - Alexandria Project
http://libraries.mit.edu/research/ask/ask-general.html - Ask us live
http://www.ifla.org - IFLA
http://atlas.gc.ca - The national atlas of Canada online

Digitale Angebote in Kartenbibliotheken - vom Konzept zur Realisierung (J. Bühler)
http://www.maps.ethz.ch - The World of Maps - Die Welt der Karten
http://www.ethbib.ethz.ch/ks/ - Kartensammlung ETH Zürich
http://www.maps.ethz.ch/imhof.html - Virtual Library Eduard Imhof

CD-ROM-Produkte in der Kartensammlung der ETH Zürich (H. Meyer)
http://www.ethbib.ethz.ch/ks/cd-rom.html - CD-ROM-Bestand der ETH-Kartensammlung

Die Nutzung von GIS-Produkten in der Kartensammlung (J. Bühler)
http://www.kogis.ch/sikgis_d.htm - SIK-GIS-Dateninventar

Verfilmung und Digitalisierung der Sammlung Ryhiner (T. Klöti)
http://www.stub.unibe.ch/stub/ryhiner/ry-dt1.html - Ryhiner-Kartensammlung

Das Projekt "Elektronisches Kartenarchiv" an der UB Sachsen-Anhalt in Halle (J.-P. Grell)
http://haweb1.bibliothek.uni-halle.de/cgi-bin/wwwlibmenu - OPAC Halle
http://www.bibliothek.uni-halle.de/karten/ - Kartensammlung Halle
http://www.gbv.de/ - GBV Gemeinsamer Bibliotheksverbund
http://karten.bibliothek.uni-halle.de/mapwork/Sachsen-Anhalt/Eingangsbild/ - Sachsen-Anh.
http://haweb1.bibliothek.uni-halle.de/cgi-bin/nphwwp3?DB=BES1.SYS8&LANG=
DU&EXT=ON&CMD=f+swo+emap - Digitaler Kartenbestand

Der digitale, historische Kartenkatalog der SuUB Bremen (T. Piezunka + A. Kintrup)
http://gauss.suub.uni-bremen.de - Historischer Kartenkatalog der SuUB Bremen
http://www.internetvisor.de - Internet visor von megatel

Die "Virtual Library Eduard Imhof" - Kartographiegeschichte im Internet (K. Turconi)
http://www.maps.ethz.ch/imhof.html - Virtual Library Eduard Imhof, deutsch
http://www.maps.ethz.ch /imhof_engl.html - Virtual Library Eduard Imhof, englisch

Verweis-sensitive Indexblätter als Bestandesnachweis im Internet (W. Crom)
http://www.dbiberlin.de/dbi_pub/bd_art/bd_99/99_04_07.htm
Artikel in Bibliotheksdienst 33, 1999
http://www.ethbib.ethz.ch/ks/index-bw50.html - Verweis-sensitives Indexblatt
http://www.ethbib.ethz.ch/ks/tk50bw.html - Bestandesliste Baden-Württemberg 1:50.000

Vom OPAC zum Indexblatt, vom SWB zur Online-Systematik (H. Wiesenmüller)
http://www.wlb-stuttgart.de/referate/kartograph/bestand.htm - Internet-Kartenkatalog Crom
http://db1-www.sub.uni-goettingen.de/gok/ - Göttinger Online-Klassifikation

Von der verweis-sensitiven Blattübersicht zur Titelaufnahme im Bibliotheks.-Verbundkatalog (T. Klöti)
http://www.ethbib.ethz.ch/ks/indexblaetter.html - Beispiel Indexkarten
http://www.swisstopo.ch/de/maps/ak/INDEX.htm - Kartensamml. Schweiz. Landestopograph.
http://auriga.admin.ch:8081/ - Verbundkatalog Alexandria

Kartensammlung und Internet (J. Bühler)
http://www.ethbib.ethz.ch/ks/ - Kartensammlung ETH Zürich
http://www.ethbib.ethz.ch - ETH-Bibliothek Zürich
http://oddens.geog.uu.nl/index.html - Oddens: The Fascinating World of Maps
http://www.maps.ethz.ch - The World of Maps - Die Welt der Karten
http://opac.nebis.ch:4505/ALEPH/ - Bibliotheksverbundkatalog NEBIS
http://www.ethbib.ethz.ch/ks/indexblaetter.html - Indexblätter und Bestandeslisten
http://www.ethbib.ethz.ch/ks/cd-rom.html - CD-ROM-Bestand
http://www.maps.ethz.ch/gdc-education.html - Bildung für Kartenkuratoren im Internet
http://www.maps.ethz.ch/imhof.html - Virtual Library Eduard Imhof

"Die Welt der Karten" - ein Portal zur Suche nach Karten im Internet (J. Bühler)
http://www.maps.ethz.ch - The World of Maps - Die Welt der Karten
http://oddens.geog.uu.nl/index.html - Oddens: The Fascinating World of Maps
http://www.lib.utexas.edu/maps/index.html - Perry-Castañeda Library Map Collection
http://alexandria.sdc.ucsb.edu/other-sites/ - Alexandria Digital Library
http://www.cgrer.uiowa.edu/servers/servers_references.html - Maps+References, Univ.Iowa

Metadatenkatalog für Raumdaten - Beispiel Geo-Guide (M. Schüler)
http://www.sub.uni-goettingen.de - Niedersächs.Staats- u. Universitätsbibliothek
http://www.Geo-Guide.de/ - Geo-Guide
http://www.MathGuide.de/ - MathGuide
http://www.sub.uni-goettingen.de/vlib/ -AngloAmericanGuide
http://www.virtuellefachbibliothek.de - Virtuelle Forschungsbibliothek der DFG
http://www.renardus.org/ - Renardus- The clever route to information
http://www.oclc.org/connexion/ - OCLC CORK: Boost your library's net value
http://scout.cs.wisc.edu/research/SPT/main.html - Scout Research

Wissen für Kartenkuratoren - aus dem Internet (J. Bühler)
http://www.maps.ethz.ch/gdc-education.html - LIBER Groupe des Cartothécaires - Eduction
http://www.maps.ethz.ch/gdc-education2.html - Literatur zum Kartenbereich
http://www.maps.ethz.ch/gdc-education4.html - GdC-Campus - Tutorials and Courses
http://www.maps.ethz.ch/gdc-education6.html - Who is Who in Map Librarianship
http://www.kb.nl/infolev/liber/intro.htm - LIBER Groupe des Cartothécaires

Die virtuelle Kartensammlung (M. Schüler)
http://www.gis-report.de - GIS-Report 99
http://www.gis-tutor.de/start.htm - GIS-Tutorial: Schnittstellenproblem
http://www.gis-tutor.de/start.htm - GIS-Tutorial: Datenqualität

Kartenkataloge mit Bildinformation (A. Kovacs)
http://www.maps.ethz.ch/kovacs.html - Bildinformation in Kartenkatalogen

Will we be able to manage our new earth? (J. Smits)
http://www.geoplace.com/gw/1998/0998/998tmp.asp - Jim Castagneri: Temporal GIS
http://www.kb.nl/infolev/liber/articles/millea03-11.html - DIGIMAP project

Autorenverzeichnis

Markus APPENZELLER
Kartensammlung, ETH-Bibliothek, Rämistrasse 101, CH-8092 Zürich
Tel: +41 (1) 632 21 90 E-mail: appenzeller@library.ethz.ch

Hartmut ASCHE, Prof. Dr.
Lehrstuhl Geoinformatik am Institut für Geographie, Univ. Potsdam, D-14469 Potsdam
Tel: +49 (31) 977 22 74 E-mail: gislab@rz.uni-potsdam.de

Kurt BRUNNER, Prof. Dr.
Lehrstuhl für Kartographie und Topographie, Universität der Bundeswehr München, D-85577 Neubiberg
Tel.: +49 (89) 6004-4049 E-mail: kurt.brunner@unibw-muenchen.de

Jürg BÜHLER, Dr.
Kartensammlung, ETH-Bibliothek, Rämistrasse 101, CH-8092 Zürich
Tel: +41 (1) 632 21 84 E-mail: juerg.buehler@library.ethz.ch

Wolfgang CROM
Kartenabteilung, Staatsbibliothek zu Berlin, Unter den Linden 8, D-10117 Berlin
Tel: +49 (30) 266 12 35 E-mail: wolfgang.crom@sbb.spk-berlin.de

Jens-Peter GRELL
Kartenabteilung, Staatsbibliothek zu Berlin, Potsdamer Str. 33, D-10785 Berlin
Tel: +49 (345) 552 21 29 E-mail: jens-peter.grell@sbb.spk-berlin.de

Andrea KINTRUP
Staats- und Universitätsbibliothek Bremen. Bibliothekstraße, 28359 Bremen
Tel: +49 (421) 218-2723 E-mail: kintrup@suub.uni-bremen.de

Thomas KLÖTI, Dr.
Bundesamt für Landestopographie, Seftigenstrasse 264, CH-3084 Wabern/Bern
Tel: +41 (31) 963 22 41 E-mail: thomas.kloeti@lt.admin.ch

Agnes KOVACS
Inst. f. Publizistik, Wissenschaft und Medienforschung, Univ. Zürich, CH-8035 Zürich
Tel. +41 (1) 634 46 63 E-mail: agnes.kovacs@ipmz.unizh.ch

Joachim LAMATSCH
PF150, D-79001 Freiburg
Tel: +49 (761) 55 44 09 E-mail: lamatsch.joachim@t-online.de

Hildegard MEYER-SCHUDEL
Kartensammlung, ETH-Bibliothek, Rämistrasse 101, CH-8092 Zürich
Tel: +41 (1) 632 21 90 E-mail: meyer-schudel@library.ethz.ch

Thorsten PIEZUNKA,
megatel, Universitätsallee 18 (Haus II), 28359 Bremen
Tel: +49 (421) 220 95 54 E-mail: piezunka@megatel.de

Mechthild SCHÜLER
Kartensammlung. Staats- und Universitätsbibliothek, Platz der Göttinger Sieben
D-37073 Göttingen
Tel: +49 (551) 39 52 78 E-mail: schueler@mail.sub.uni-goettingen.de

Jan SMITS
Koninklijke Bibliotheek, Postbus 90407, NL-2509 LK Den Haag
Tel: +31 (70) 314 02 41 E-mail: jan.smits@kb.nl

Iris.-D. STRAMIELL0 (geb.Schmidt)
Hardehauser Weg 31, 33100 Paderborn
Tel: +49 (5251) 6 45 01 E-mail: info@ids-kartographie.de

Katrin TURCONI
Säntisstrasse 21, 8008 Zürich
Tel: +41 (1) 381 93 07 E-mail: k.turconi@bluewin.ch

Heidrun WIESENMÜLLER
Württembergische Landesbibliothek - Abt. Landesbibliographie, D-70173 Stuttgart
Tel.: +49 (711) 212-4399 E-mail: wiesenmueller@wlb-stuttgart.de

Lothar ZÖGNER, Dr.
Burgherrenstr. 7, D-12101 Berlin
Tel/Fax: +49 (30) 785 52 13 E-mail: mail@gfe-berlin.de

Cartographica

ca. 134.000 Einträgen, die im jeweiligen Band in Autorenregistern erschlossen werden. Die Aufnahme der Daten in die einzelnen Bände ist vom Erscheinungsjahr aber auch von der zeitlichen Erfassung abhängig. Da gerade die Auswertung ausländischer Zeitschriften und die Titellieferungen aus anderen Ländern eine zeitliche Verzögerung bedingen, wird grundsätzlich mit Nachträgen gearbeitet. Dieser Umstand bedeutet für den Benutzer, dass sich die Suche nach bestimmten Autoren bisher über mehrere Bände erstreckte. Das kumulierte Gesamt-Autorenregister der **Bibliographia Cartographica** ermöglicht nun das rasche Auffinden sämtlicher Verfassernamen – unabhängig vom Jahrgang.

Zuletzt erschienen:

Vol. 30 (2003)
2004. XXII, 459 S. Br.
€ 98,– / sFr 169,–
ISBN 3-598-20648-8

Vol. 29 (2002)
2003. XXI, 418 S. Br.
€ 98,– / sFr 169,–
ISBN 3-598-20646-1

Vol. 28 (2001)
2002. XX, 443 S. Br.
€ 94,– / sFr 162,–
ISBN 3-598-20645-3

Ab Band 25 (1998) lieferbar.

FSC
www.fsc.org
MIX
Papier | Fördert gute Waldnutzung
FSC® C083411

Kolibri 360 GmbH
Ferdinand-Jühlke-Straße 7
99095 Erfurt, Deutschland
produktsicherheit@kolibri360.de